「エコ」を超えて——

幸せな未来のつくり方

枝廣淳子
Edahiro Junko
＋ジャパン・フォー・サステナビリティ（JFS）

KAIZOSHA

目次

第5章　「つながり力」が社会を動かす――市民参加の新しい形

まえがき——未来はここにある

　CO_2排出量は増え続け、約30年に一度のはずの異常気象が毎年のように起こり、国際交渉も行き詰まっている——。こんな状況の中、絶望や焦りを感じたとしても不思議ではありません。国際社会も日本政府も業界団体も、これまでの構造の縛りやしがらみが多過ぎて、大きく方向転換をして正しい方向へ動いていくことがなかなかできません。

　しかし、本書には、確かな未来への日本のさまざまな歩みがぎっしり詰まっています。個人や自治体、企業、またそういった人や組織の連合体は、次々と着々と「未来入り」をしているのです。日本はすぐれた環境技術などを持っていますが、それだけではなく、実は「価値観先進国」「ライフスタイル先進国」としても、持続可能な社会へ向かう世界のリーダー役を担うことができる、との思いを強くしています。

「それはどういう意味で？」「どんな取り組みがあるの？」——新しい日本の魅力と底力を伝えるために、本書を書きました。

　日本の中に出現しつつある新しい未来の姿。単なる「エコ」にとどまらず、未来を見据えた暮らしや本当の幸せに向けて、人々がさまざまに取り組む持続可能な社会づくりのありようを読んでみてください。読み終わったあと、きっと私と同じく、「日本って、これからがますます楽しみ！」と思っていただけるでしょう。

２００２年８月、日本の持続可能な社会への動きを英語で世界に発信するために、ＮＧＯの「ジャパン・フォー・サステナビリティ（ＪＦＳ）」は産声を上げました。同時通訳者として国際会議などで仕事をしてきた経験から、「日本人は海外から情報を採り入れることにはとても熱心だけれど、日本にもたくさんある良い取り組みはほとんど世界に伝わっていない」ことに気がつきました。英語という言葉が障壁なのだとしたら、それを乗り越えるお手伝いを私たちがしよう——そのような思いで誕生したのです。

これまで、毎月30本ずつ発信しているニュース記事は約３０００本に、読者に送付している毎月のニュースレターは１００号を数えます。ＪＦＳのニュースレターの読者は、１９１カ国に約１万人。レスター・ブラウン氏やデニス・メドウズ氏といったオピニオンリーダーをはじめ、各国政府・自治体、企業、教育機関、メディア、ＮＧＯ、一般市民など、あらゆるセクターに読者がいます。今では国際会議などに行くと「ＪＦＳの読者です」という方に必ず会うほど、ＪＦＳの存在は世界でも知られるようになってきました。「以前は日本の情報はほとんどなくて、日本が何を考え、何をしているか、まったくわからなかった。ＪＦＳが英語で情報を届けてくれるようになってから初めて、日本の先進的な動きや取り組みを知りました」「自分たちの国の持続可能な社会づくりに役に立ちます」という声が世界各地から届きます。

ＪＦＳの活動を支えてくれている６００人を超えるボランティアさん、そして法人会員・個人サポーターのみなさん、事務局スタッフ、本書の執筆を一緒に進めてくれたライターチーム、編集責任者としてあらゆる原稿の取りまとめから確認など、本書の完成に導いてくれたスタッフの小島さん、そして本書の出版を快く引き受けてくれた海象社の山田一志社長のおかげで、この本が世に出ることをとてもうれしく思います。

当面、残念ながら状況は悪化するでしょう。温暖化の被害はさらに大きくなり、生物多様性の損失も加速するでしょう。でも、加速度的に悪化していく世界の中で、望ましい未来への小さな試みや動きが、日本のあちこちで、いえ世界のあちこちで広がり、増え始めています。ある一線を越えてしまうと崩壊には歯止めがかからなくなる「ティッピング・ポイント」があるとしたら、残された時間はそれほど長くないのかもしれません。制限時間の中で、悪化する状況に歯止めをかけ、好転させていくためには、すでにある未来への答えの実践を、伝え、広げ、増やし、うねりにしていくことです。

本書には、「未来への答え」を生き始めている個人や地域がたくさん登場します。わくわくする取り組みを知っていただき、それぞれの答えを生きる一歩を考え、歩み始めてもらえたら、これほどうれしいことはありません。

枝廣淳子

序章

未来を選ぶのは私たち

2020年、二つの日本の姿

持続可能な未来をめざして——こんな掛け声をよく耳にしますが、持続可能な未来とそうでない未来を、皆さんはどんなふうにイメージしているでしょうか。10年後の日本、つまり「2020年の日本」がどうなっているか、二つの可能性を想像してみましょう。まずは、「このままの状態が続くと…?」という世界をお届けします。

このままの状態が続くと…?

2020年。2009年末に行われたCOP15（気候変動枠組条約第15回締約国会議）で、世界は具体的な目標や取り組みの枠組みを設定できず、その後も、先進国と中国をはじめとする途上国が、「過去の責任」と「未来の責任」を巡って争いを続け、みんなが「後出しジャンケン」をしようと腹の探り合いをする中で、問題を先送りしたまま10年がたってしまった。

その間に温暖化の影響や被害は明白になりつつあり、特に脆弱な地域では地域社会や生態系が崩壊し始め、膨大な環境難民が発生するようになり、国際情勢やグローバル経済を揺るがしている。

問題の根底にあるのは、「経済活動はエネルギー消費量に比例し、エネルギー消費量はCO_2排出量に比例する」という構造のままでは、「CO_2削減」＝「経済活動の縮小」となるため、自国の繁栄を求める各国間で話が進まないという事実である。

このような国際情勢の中、「主要国が参加するなら」という条件付きで「２０２０年に25％削減」という目標を掲げた日本も、「主要国が参加すると言っていないから」と、目標実現のための対策着手を先送りし、日本の温室効果ガス排出量は増え続けている。

しかし、その間に、専門家がかねてより２０１２〜２０１４年にやってくると警告を発していたピークオイル（産油量がピークに達した後、減少していくタイミング）が到来した。２００９年８月には、それまで楽観的な見通しを出していたＩＥＡ（国際エネルギー機関）も、「世界の産油量の４分の３を占める８００の油田を調べたところ、主要な油田のほとんどはすでにピークを過ぎていた。これまでの我々の見通しは甘かった。世界全体でも10年以内にピークが来るだろう」と述べた通りの世界になっているのだ。

原油価格は１バレル２００ドルを超えている。新興国をはじめとする需要は増大の一途をたどっているため、需給の乖離が拡大するにつれ、価格がさらに高騰していくのは火を見るより明らかである。

エネルギー自給率４％で、一次エネルギーの約８割を化石燃料に頼っている日本では、くるくる変わる政策に中長期的な投資を阻まれて自然エネルギーの拡大が進まず、地震が来るたびに原子力発電も停止する状況の中、輸入の化石エネルギーに依存する構造が変わっておらず、経済も社会も動きが取れなくなりつつある。

何しろ、2008年には約23兆円だった化石エネルギーの輸入コストが、消費量はほとんど変わらないのに、2018年には50兆円近くになっているのだから。2008年時点でも、日本の御三家といわれた自動車・鉄鋼・電機電子産業が、輸出で稼いでくる外貨をすべて化石エネルギーの輸入に費やしていた状況だった。今では、輸出産業の稼ぐ外貨は減っているのに、化石エネルギーのコストは高騰の一途なのだ。

ただでさえ財政赤字の大きかった日本は、財政破綻の瀬戸際に立たされている。高騰を続ける輸入エネルギーの支払いに加え、国内でのCO_2削減が進んでいないため、京都議定書やその後の枠組みの目標の帳尻合わせのため、海外からの排出権購入を余儀なくされ、さらに国外へと資金が流出して、国内の産業や社会を活性化する原資が乏しくなっているのだ。

加えて、余力のあるうちに自立的な食料経済への転換を図らなかったため、食料自給率は40%前後と10年前とほとんど変わっていない。ガソリンや軽油で動くトラクターやトラック、重油を燃やす温室、天然ガスを原料とする化学肥料に頼る、「1キロカロリーの栄養をつくるのに10キロカロリーの化石燃料が必要」といわれる食料生産方法も変わっていないため、原油価格の高騰や品薄が食料価格の高騰や品薄に直結し、十分に食べられない人が増えている状況だ。

地方は、大胆な地域分権によって、それぞれの地域のビジョンに向けた取り組みを進めるチャンスを創り出すことができず、人口減少はさらに加速し、疲弊が進んでいる。

自動車中心の街づくりの帰結として、*スプロール化して市街地から離れた地域に点在する高齢者に対しては、福祉サービスの維持もままならなくなっている。「買い物難民」の数はウナギ上りだ。

政府は相変わらず長期的なビジョンがないまま、そのときどきの内外の圧力によって補助金を付けたりやめたり、制度をころころ変えたりするエネルギー・温暖化政策をとり続けている。そのため産業界や企業は、確固たる中長期の投資計画も立てられず、予測性と継続性のない政策に翻弄され続ける一方、政府の国際公約の帳尻を合わせるために排出権購入を強いられるという状況がずっと続いている。

そのような状況の中、企業は生き残りのために、短期的・局所的な効率性を求めるしかなくなり、「わが社さえ良ければ」「今期さえ良ければ」といった思考パターンに陥り、人員カットなどの短期的なコスト削減を図って何とか黒字化を目指している。しかし、雇用の削減は、消費できない人々をつくり出し、社会の購買力を削減することに等しいため、自分の首を自分で絞めている状況だ。将来に向けた大事な研究開発や体制づくりには、ほとんど資金が割けていない状態なのだ。

効果的な新製品も開発できなくなりつつあり、日本企業の国際競争力も、日本の世界における地位も下落の一途をたどっている。日本社会の覇気も明るさも失われ、こんな社会に子どもを送り出したくないという思いからか、出生率も低下の一途をたどっている。

「こんな日本にはなってほしくない！」と思いませんか。でも、このままの状況では、

スプロール化
住民が土地の安い郊外へ移住し、市街地が空洞化すること。ドーナツ現象ともいう。

こんな日本に限りなく近づいていきそうです。そうしないためには、どうしたらいいでしょうか。

まずは「**ありたい姿**」「**ありうる姿**」**を*バックキャスティングで描く**ことです。そこでもう一つ、全く異なる「2020年の日本」を描いてみました。「こういう日本にしたい、できるのだ!」という姿です。

こういう日本にしたい!

2020年。この10年間で、日本は大きく変わった。2010年の段階で、「**2020年は2050年に温室効果ガスを80%削減するための一里塚にすぎない**」ということをしっかり認識し、議定書の単なる帳尻合わせのために、他国に資金を流出させるのではなく、国内での削減に本腰を入れ、途上国の削減支援に向けた、しっかりとした投資を始めたからである。

また、「**日本にとっての大問題は、温暖化だけではなく、化石エネルギーのピークの到来とそれに伴う食料問題である**」こともしっかり認識して、取り組みを進めてきた。

人口減少や高齢化の進む日本の社会を、どのようにソフトランディングすべきか、どうしたら福祉サービスを提供する行政の負担を減らしつつ、地域の人々の幸せを最大化できるか、という設計も同時に行い、どの地域も低炭素都市づくりを実践してきた。

つまり、COPでの議論や他国を待つことなく、日本はしっかりと自分の足で立てる国になるために、この10年間を費やしてきたのである。

バックキャスティング
望ましい将来像を描いて、それを実現するためには、現在を振り返って今から何をしたらよいかを中長期的視点から考え、必要な政策を実行していく将来設計の方法。スウェーデンの環境NGOナチュラル・ステップの創設者、カール・ヘンリック・ロベールが最初に提唱した。(『サステナビリティ辞典』小社刊より)。

最も力を入れたのはエネルギーだ。太陽光だけではなく、洋上を中心とした風力発電、地熱やバイオマス、太陽熱などの利用を進め、そのような間欠性のある自然エネルギーを広く受け入れられるよう、スマートグリット（次世代送電網）の整備も全国規模で急ピッチで進められ、ほぼ整備が終わったところである。どの地域でも、その地域の得意な自然エネルギーを大いに開発できるようになっている。

人々の移動は、公共交通やカーシェアリングがメインとなり、補助的に使われる自動車もほぼすべて電気自動車である。燃費が悪い上、燃料代も排出するＣＯ$_2$に対する税金も高いガソリン車は、今ではコレクターしか興味を示さない。かつて「ガソリンスタンド」と呼ばれていた場所は、今では太陽光パネルや風力タービン、小規模なバイオマス発電所から電気自動車に燃料を給電するための「エネルギースタンド」となっている。

こうして、エネルギーの脱ＣＯ$_2$化を進めた結果、エネルギー消費量とＣＯ$_2$排出量のデカップリング（切り離し）ができ、日本の産業界は、何の遠慮もペナルティーもなく経済活動を増大することができるようになり、経済は大いに活性化している。

都市づくりも、移動に伴うＣＯ$_2$を減らすために、職住近接のデザインを中心とするようになった。通勤にかかわるＣＯ$_2$が減っただけではなく、通勤時間が減ったため家族の時間が増え、子育てがしやすくなったおかげで、出生率も上昇している。人々が地域に戻ってきたので、祭りや商店街など地域も活性化し、地域でのモノやお金の循環が、ますますその地域を元気にするという好循環が、各地で回り始めている。

２０１０年には、手入れされず荒れてしまい、国土保全上の大問題だといわれていた森林も、今では林業がエネルギー産業になったため、活況を呈している。間伐材や端材をバイオマスエネルギーとして利用することで、林業が経済的に十分成り立つようになったのだ。森に若い人々と活気と誇りが戻ってきている。

電力会社は、10年前は「電力販売量が収益に結びつく」仕組みだったが、現在では、「家庭に提供する快適さから利益を得る」仕組みに変わっている。家庭にとっての快適さには、余計な電力を使わずに、排出するCO_2もできるだけ最小化することも含まれている。従って電力会社は、「いかに多くの電力を使わせるか」ではなく、「いかに少しの電力で快適さを最大化できるか」にしのぎを削っている。

２０１０年に「住宅のエコポイント」が導入されてから、少しずつ広がり始めた住宅の断熱だが、２０２０年の今では、新築のみならず既築も含めて、どの家庭にも高効率のペアガラスが入っており、単に省エネだけではなく、冷気や結露の悩みを解決し、周囲の騒音もシャットアウトするなど、静かで快適な暮らしに役立っている。

家電製品は、２０１０年の時点では省エネ家電として各家庭で導入が進んでいたが、10年後の今は、家電のすべてがスマートメーターでつながることで、互いに連携し合って、家庭に快適さを提供しながらトータルに省エネを図っている。例えば冷蔵庫やクーラーなどは、住んでいる人も気づかないところで、電力網全体の需給状況を見ながら、1時間ごとに5分~10分程度、通電を止めたりすることもある。それでも快適性は変わらない。電気代が安くなるだけである。

農業は、化石燃料に頼らない農法に力を入れることで、自給率を高め、安全で安心な農作物を人々に提供している。この10年間に、森林だけではなく、土壌の炭素固定についても国際的な議定書の対象となったため、有機農法・不耕起栽培・バイオ炭の活用に力を入れている日本の農地は、カーボンクレジットを生み出し、農家に副収入をもたらしている。

省エネとエネルギー転換を進めていくことで、2050年には、日本の家庭から排出されるCO_2はゼロになるだろう。日本の産業界は、ありとあらゆる高性能の個別の製品を、システムとして組み合わせて提供することで、あらゆる国の家庭や経済のCO_2を減らせる技術を誇り、それが日本の国際競争力の大きな源泉となっている。日本政府や日本の企業は、今では「世界の必殺CO_2削減人」と呼ばれ、各国からの依頼や注文が引きも切らないのだ。

このような状況の中、人々の暮らしに笑顔と自信が戻っている。人々は、将来世代や人間以外の種への罪悪感を抱くことなく、暮らしや経済活動を営むことができている。そして、たとえ石油がなくなっても、CO_2の制約がさらに厳しくなっても、日本はしっかりやっていけるという自信に満ちている。世界の日本に対する敬意も、単にお金を出すだけではなく、「言ったことをやる」ことを通して、本当の意味での低炭素社会・持続可能な社会にシフトしてきたことに対する称賛なのである。

現状維持の場合の見通しと、望ましいビジョンに基づいた二つの日本の姿、いかがでしょうか。こうあってほしいという「2020年の日本」は、夢物語のように思えるかもしれません。確かに、ここまでたどり着くには、これまでとは違う大胆な変革が求められるでしょう。それでも、その萌芽はあちらこちらに見ることができます。

国や自治体、大企業の役割が大きいのはもちろんですが、**持続可能な未来を選ぶのは私たち一人ひとりの責任**でもあります。本書でご紹介する各地の取り組みをヒントに、それぞれが「ありたい姿、あるべき姿」を描き、具体的な一歩を踏み出す仲間が増えてくれることを願っています。

第1章

価値観の転換が始まった

新しい時代へ――価値観の「三脱」の動き

見えてきた「天井」

リーマン・ショックをきっかけに始まった世界規模の不景気。この状況を皆さんはどのように考えていますか？　企業の人と話していると、「景気循環だから今をしのげば元に戻る」という考えと、「しのいでも元には戻らない、新しい局面に入ったのではないか」という考えに分かれることに気づきます。私は、**今回の不景気は通常の景気循環とは違う、「移相」の局面ではないか**と考えています。

福田元総理が2008年に立ち上げた「地球温暖化に関する懇談会」のメンバーだったころ、同じくメンバーだった元日銀総裁の福井氏は、「サブプライム問題に端を発する国際金融市場の混乱は基本的には、世界経済全体として地球環境資源、エネルギー資源、資源制約というものの絶対的な天井を意識し始めた途端に、マーケットがそれまでの経済の動き、あるいはその過剰部分に急ブレーキをかけている、次の長期的な均衡を探る努力を促している現象である」と見立てられていました。

温暖化に関して言えば、「絶対的な天井」とは、*ＩＰＣＣ第4次報告書が示す「森

ＩＰＣＣ第4次報告書　世界有数の科学者が参加する「気候変動に関する政府間パネル（ＩＰＣＣ）」が2007年に公表した、地球温暖化に関する報告書。2005年までの100年間で、世界全体の平均気温が0・74度上昇し、その原因が人間の活動による温室効果ガスである可能性が高いと指摘している。

林・土壌や海洋が現在吸収できるCO_2は年間31億トン（炭素トン）」です。一方、人間が化石燃料を燃やして排出するCO_2は年間に72億トンです（現在の排出量はさらに増えています。また、排出量が減れば吸収量も減っていく*フィードバック・ループがあるので、その天井は下がり続けると考えます）。

エネルギー資源に関しても、「数年後にはピークオイルが到来する」とする研究者もたくさんいます。ＩＥＡ（国際エネルギー機関）も２００９年8月、「世界の埋蔵量の4分の3を占める８００の油田を調べたところ、**主要な油田のほとんどでは、すでに産油量がピークを過ぎており、世界全体の産油量も10年以内にはピークに達するだろう**。２００7年に、産油量の減少率は年3・7％と予測していたが、実際は年6・7％である」と発表し、これまでの見通しが甘すぎたことを認めました。

「世界は地球の限界を超えていること」が明らかになるにつれて、生活者の価値観（特に深層心理）が変わってきていることを、企業はどのくらい理解しているでしょうか？

最近、「買わない消費者が増えている」と言われています。例えば、かつてはステータスであり、だれもが欲しがっていた「自動車」を買いたいという人が減っているというデータがあちこちに見られます。私も高校生や大学生と話をする機会があると聞いてみますが、「クルマが欲しい」という人はあまりいません。「クルマを持つことがカッコイイことだと思わない」という答えも増えているようですし、「携帯電話だけあればいい」という答えもあります。

不景気のせいで人々の財布のヒモが固くなっているだけだったら、景気が戻れば問題

フィードバック・ループ
私たちは、ある「状況」の中で、ある「認知」を行い、その結果、ある「行動」を取る。さらに、その「行動」が「状況」の変化を生むことで、新たな「認知」が行われる。こうした一連の循環が「フィードバック・ループ」、もしくは短く略して「ループ」と呼ばれる。

は解決するかもしれませんが、「構造的・心理的にもっと深いところで何らかの変化が起きつつあるのではないか」と考えている人が増えており、ここ最近、そういったテーマの書籍が次々と出されています。

例えば、『シンプル族の反乱』『無印ニッポン――20世紀消費社会の終焉』『欲しがらない若者たち』『若者のライフスタイルと消費行動――若者は本当にお金を使わないのか!?』など。『「嫌消費」世代の研究―経済を揺るがす「欲しがらない」若者たち』という書籍の表紙には、大きく「クルマを買うなんてバカじゃないの?」というコピーが躍っています。

世界に先駆けて進行中の少子高齢化に伴って、「消費層」の母数が減っていくことも確かです。さらには、世論調査でも明らかなように、「**モノの豊かさ**」**より**「**心の豊かさ**」**のほうが大事だという人が増えている**ことも、大きな構造変化の背景にあると考えています(特に都市部、そして、男性より女性に「心の豊かさ」を重視する人が多いという結果です)。心の豊かさのほうが大事だと思っている人たちが、数カ月ごとに出てくる新製品をどんどん買うでしょうか?

特に「現代の若者はモノへの執着がない」と言われています。「地点Aから地点Bに移動するときに、クルマしかなかったらクルマを使うけど、それは自分のクルマである必要はない。借りたっていいし、今ではカーシェアリングもあるし、相乗りだっていいし、自転車で行けるんだったら自転車で行くし」という感じなのです。

所有からシェアへ

そして、人の価値観は割と簡単に変わるものだと思います。一例ですが、欧米でカーシェアリングが広がり始めた２０００年、私は自分の「環境メールニュース」でその様子を紹介したことがあります。当時、反応の大半は「日本人はきれい好きだから、だれが使ったかわからないモノは使いたがらない。だから、日本ではカーシェアリングは絶対に広がらない」というものでした。

でも今ではどうでしょう？　都内を走る山手線のどこの駅で降りてもカーシェアリングが使え、毎日のように各地でカーシェアリング事業の開始を告げるニュースが報道されているほど、カーシェアリングは日本でも広がっているのです（121ページ参照）。

「日本人はきれい好きだから」「若者にはクルマは必需品」「一人前になるには持ち家を持たなくては」など、「○○はこういうものだ」というこれまでの**無意識の前提**（メンタルモデル）**に気づき、それを緩めること**。この力は、これからの社会や企業にとって、不可欠ではないでしょうか。

そういった観点から、現在、新しい動きとして私が注目している三つの「脱」があります。一つは「**暮らしの脱所有化**」です。先ほど書いたように、自動車を所有している人や所有したいという人が、特に若い層で減っています。本もＣＤも、洋服も家だって、**所有するより貸し借りや共有**（シェア）**して暮らす人が増えています**。

若い人たちは、新刊を買って読んだらすぐに、全国チェーンの古本屋などで売ります。読み終わったら売ることを前提に本を買っているのですね。そういう意味でいえば、

「ブックオフ」などの古本屋は、「現代版貸本屋」と言えるでしょう。CDを買う人も激減しているため、音楽業界は大変だと言われています。インターネットなどからダウンロードするか、TSUTAYAなどから借りてきて、音楽を楽しんでいるのです。

二つめの「脱」は、**「幸せの脱物質化」**です。これまではモノを買うこと、持つことが幸せだと考えられていました。でもそうではなく、**人とのつながりや自然との触れあいなどで幸せを定義する人が増えています。**農への関心が高まり、*キャンドルナイトを楽しむ人が増え、日本でも*「隣人祭り」が広がっているのです。

そして、三つめの「脱」は、**「人生の脱貨幣化」**です。これまでの日本では、会社に時間を捧げて代わりにお金をもらい、それをもとに人生を設計するのが普通でした。しかし「半農半X」(038ページ参照)などの新しい生き方を選ぶ人が増えています。自分と家族が食べる分は農業でまかない、残りの時間は自分のやりたいこと(ミッション)に費やすのです。私のまわりにも「半農半作家」「半農半NGO」がいます。**お金をすべてのベースにしなくてもよいではないか、という人生設計なのです。**

「変化」をとらえて「進化」を

こういった動きは、「モノをたくさん売ることで儲ける」というビジネスモデルを基盤とした企業にとっては、非常に困ったものになるでしょう。でも、おそらくこの傾向は、ますます強まるだろうと私は考えています。もしそうなったとしたら、企業はどのように対応すべきでしょう? これまでのように、「どんどん買ってくれる」ことを前

キャンドルナイト
ゆるやかにつながり、地球上に「くらやみのウェーブ」を広げようというムーブメント。各地でさまざまなイベントが行われている。
http://www.candle-night.org/jp/

隣人祭り
ご近所で集まってお茶や食事をすること。1999年、パリの小さなアパートで起きた高齢者の孤独死をきっかけに、住民たちが建物の中庭で交流のための食事会を行ったことから始まった。欧州では29か国800万人が参加する市民運動となり、2008年には日本初の「隣人祭り」が東京・新宿で開催された。「隣人祭り」日本支部が各地の開催情報を発信している。
http://www.rinjinmatsuri.jp/

提とした、右肩上がりの売り上げを目指すビジネスモデルでは、経営は難しくなっていくのではないでしょうか。

企業とは、社会が必要とする限りにおいて存続できる存在です。そして、社会が求めることは時代とともに変わっていきます。企業が創業したときには、そのときの社会の要請に応じて何かを提供するためにつくられたはずです。しかし、それから今までの間に、社会の要請が変わってきているとしたら、新しい社会の要請に合わせて、自社をどうやって変えていけるかが大事なのです。

かつて産業革命が起こり、蒸気機関車やさまざまな機械などが登場したときに、機械に職を奪われると思った人たちが機械を壊そうという運動を起こしました。「ラッダイト」と呼ばれています。

日本でも世界でも、時代が変わり、社会の要請が変わったことに気づかず、旧式のビジネスモデルにしがみつき、社会が新しい方向に進むのを何とか阻もうとする「現代版ラッダイト」があちこちにいるような気がします。よく「環境」対「経済」の戦いと言われますが、そうではなく、**新しい時代の社会の要請に対応する「新しい経済」と、それに抵抗する「古い経済」の戦いの時代**なのでしょう。

そういう意味からも、華々しく経済新聞の見出しに躍ることはないけれども、草の根的に、人々の心や価値観の深いところで静かに進行中の「三脱」の動きを、本書でもいくつか紹介していきます。

「xChange」――オシャレを楽しみながら、環境問題を考える

世界で盛り上がるファッション・スワップ

「三脱」の動きの一つが、欧米を中心に注目を集めているファッション・スワップ（Fashion Swap）です。これは、サイズが合わなくなり着られなくなった服など、使わずに眠っているファッション・アイテム（服、靴、バッグ、アクセサリーなど）を持ち寄って無料で交換することで、資源を有効活用しようという運動です。

例えば米国では、衣料の交換と古着をリメイクするワークショップを同時開催する「スワップ・オ・ラマラマ」というイベントが２００５年から始まっています。また英国・ロンドンでは、ＶＩＳＡがスポンサーとなり、特定のブランドに限ったファッション・スワップが開催されています。

ファッション・スワップは、知り合い同士が少人数で行うものから、大企業がスポンサーについて行うものまで、大小さまざまな規模で開催されています。「**オシャレを楽しみながら、サステナブルなライフスタイルを提案する**」という思いのもと、誰もが自由にイベントを開催できるのが、ファッション・スワップの魅力の一つです。

xChangeの会場風景

日本では2007年9月に「xChange」という名称で、東京で初めてファッション・スワップが開催されました。その仕掛け人である丹羽順子さんは、「xChange」の「x」には、「何でも」という意味があるといいます。服の交換だけでなく、アイデアや知識、思いなど、**何でも交換（Exchange）して、新しい何かを生み出し、よい変化（Change）を創り出す場にしたい**と考えているのです。

実際、xChangeでは、ファッション・アイテムだけでなく、情報や思いも一緒に交換できる工夫をしています。その一つが「エピソード・タグ」。参加者は、持ってきた衣料にタグを付け、名前（ニックネーム）と、その衣料にまつわるエピソードをひと言書き込みます。

例えば、白いジャケットには「友達からプレゼントされたけど、自分には上手く着こなせなかったので」というタグが、赤いパンプスには「私には似合わなくなりました。赤が好きな方にどうぞ」というタグが付けられています。値札を見るように、「この服はどんな人が着ていたのだろう?」と、エピソード・タグを読みながら選ぶ人もいます。**「人との触れ合い」というお金では計れない価値に目を向け、心や思いの交換を促進する工夫**が生きています。

参加者からは、「タダでこんなに素敵な服が手に入るなんておトク!」「自分が持ってきたものを、ほかの人が試着して持ち帰るのを見るとうれしくなる」という声が寄せられています。自分には「もう要らない」と思っていた服が、ほかの人にとっては新しくワクワクする一着となるのです。

もらい手のない衣料が出た場合は、古着のリユース・リサイクル業者に寄附し、途上国へ寄贈したり、ウエス（機械類の油や汚れ・不純物などを拭き取る布）に再利用されたりして、ほぼ100%がリユースされているといいます。

環境負荷の高いコットン栽培

安心・安全というニーズもあり、食品業界ではオーガニックやフェアトレード商品への注目が高まってきました。しかし、ファッション業界ではまだ見落とされがちなテーマです。あまり知られていませんが、**多くの衣料の素材である綿は、生産過程の環境負荷がとても大きい植物**なのです。

栽培中には大量の殺虫剤・防虫剤・化学肥料などが使われ、刈入れ時には余分な葉を落とすために枯葉剤が撒かれることもあります。世界中で使われる殺虫剤の約25％が綿の生産に使われるといわれるほどです。こうした大量の農薬は、生産地の環境や生産者の健康に深刻な被害を与えています。

また、綿の栽培には大量の水を必要とするため、無理な灌漑を行って水不足が生じている地域もあります。特に中央アジアにあるアラル海は、綿花栽培の水利用が原因で枯渇が危惧されています。

さらに、日本人は年間平均10キロの服を買って9キロ捨てているという統計や、年間210万トンを越える繊維製品が「燃えるごみ」として焼却・埋め立てされているという報告もあります。また、女性は手持ちの服のうち20％のお気に入りの服を、80％着まわしている、とも言われ、着ない服がタンスの肥やしになっていることも多いのです。衣料がもたらす環境負荷は、原材料の調達から廃棄まで考えると、想像以上に大きいことが分かります。

大量生産・大量消費・大量廃棄にオルタナティブを

こうした問題に向き合いながらも、xChangeは「服を買わないようにしよう」と我慢を強いるものではありません。「浪費を抑えて消費のパターンを変えよう」と呼びかけているのです。一着一着を最後まで大切に着て、まだ着られるものは廃棄せずに、有効活用しながら、環境や生産者に負荷の少ないファッションで、オシャレを楽しむ方法を提案しています。

xChangeのもう一つのメッセージは、「ものとのつながりを考えよう」ということです。**自分が使うものが、どこから来てどこに行くのかという道筋を知ることや、ものを買うことが環境や生産者にどのような影響を与えているのかを考えよう**と呼びかけています。丹羽さんは、「私たちが買っているものが、知らず知らずのうちに環境破壊や貧困問題につながっていることを自覚することが大事。こうしたことに思いを巡らせることができれば、今あるものを大事にしようと思うのではないでしょうか」と話しています。

「物々交換」自体は、何も目新しい仕組みではありません。でも、貨幣経済を中心にグローバルマーケットが形成された現代だからこそ、かえって新鮮に映るのでしょう。人間の基本的なコミュニケーションに立ち返り、これまでの大量生産・大量消費・大量廃棄の社会システムを考え直し、よりシンプルに豊かにものと付き合う暮らしを提案しています。

各地で開かれるxChangeが大盛況なのは、誰でも気軽に参加でき、環境にも経済的にも負担感なくファッションを楽しめるポジティブな運動だからでしょう。丹羽さんは、「社会起業家、アーティスト、ジャーナリスト、ファッション美容専門学校、スポンサー企業、自治体などとコラボレートし、より大きな深いムーブメントにしていきたい。服に限らず日用品の交換の場も設けていきたい」と抱負を語っています。ぜひ近所の開催情報を探して出かけてみませんか。

ほんとうの幸せを測るモノサシは？

GDPが伸びれば幸せ？

私たちは経済や社会の進歩を測る指標として、よく「GDP（Gross Domestic Product：国内総生産）」を使います。「GDPが上がった」と言っては喜び、「GDP成長率が十分ではない」と言っては、何らかの手を打とうとします。でも、GDPは伸びれば伸びるほどよいものなのでしょうか？　GDPは、私たちの幸せの進歩を教えてくれるものなのでしょうか？

GDPは、何であってもお金が動けば増えます。**GDPは、人間の幸福に役立つかどうかにかかわらず、あらゆる経済活動**（**モノの生産や流通**）**を合計するもの**なのです。何のためにお金が動いたかは不問です。ですから、交通事故が起これば起こるほど、環境破壊が進めば進むほど、家庭内暴力が起これば起こるほど、GDPは増えます。ばい煙から ぜん息にかかった人の医療費や、凶悪事件に投入される警官の超過手当なども、「国の経済成長」の一端として合計されるからです。

ですから「GDPが増えた」といって喜んでばかりはいられません。**増えたのは喜ぶ**

べきGDPなのか、そうではないのかを区別しなくてはならないのです。

もう一つ、「**GDPにカウントされていないけど、幸せをつくり出している**」ものもあります。例えば、家事や育児です。お父さんやお母さんが子どもに絵本を読んであげる――これは素晴らしい幸せをつくり出しています。でも、お金は一銭も動きませんから、GDPは増えません。どんなに汗を流してボランティア活動をしても、お金が動かないかぎり、GDPには影響を与えないのです。

「GDPには、幸せを壊すものも入っている一方、幸せにつながるものが入っていない」としたら、本当の意味で、社会の進歩を測る指標とはなり得ません。GDPは、単に経済の中で動くお金の量を測っているにすぎないのです。

それに対して、米国のRedefining Progressという団体が考案したのがGPI(Genuine Progress Indicator)という指標です。GDPを指標とすることは、地球のためにも人々のためにもならないと考えたからです。

GDPの個人消費データをベースとし、家庭やボランティア活動など、現在のGDPには入っていないけれど幸せをつくり出している活動の経済的貢献を、誰かを雇ってその仕事をした場合のコスト計算をベースに計算して足します。逆に、犯罪や公害、資源枯渇、家庭崩壊など、幸せや進歩につながっていない活動に伴って動いたお金や、健康や環境への被害額を計算して、差し引きます。

日本でも米国でも、1960~70年代までは、人口一人当たりのGDPもGPIも並行して伸びています。ところが、その後、GDPは右肩上がりに増えていくのに、GP

Ｉは増えなくなったり、減ったりしています。つまり、**一人当たりＧＤＰはどんどん増えているけど、私たちの幸せは増えていない**、場合によっては減っているかもしれないのです。そうだとしたら、ＧＤＰを追い求める経済政策や国づくりを続けていてよいのでしょうか？

いまだに新聞を見ても閣僚の話を聞いても、「ＧＤＰの成長をめざす」「成長しないとだめだ」といっています。ちなみに、３％成長が24年続くと2倍の大きさになります。必要な人的資本、生産資本、金融資本、自然資本などを考えても、24年後に経済が現在の倍になるということは、おそらく考えられないでしょう。でも、目先のことしか見ていない人たちは、いまだに「最低でも３％成長」とかけ声を掛けては短期的な投資をする、という社会経済になってしまっているのです。

ブータンのＧＮＨ指標
ＧＮＨ指標に関する日本語による情報は、「ＧＮＨ研究所」のウェブサイトを参照。ブータンという枠にとらわれず、ＧＮＨ理論を日本社会にどう生かすか、という視点での研究も進められている。
http://www.gnh-study.com/

ＧＮＨ（国民総幸福度）を選んだブータン

このようなＧＤＰ至上主義に対して、ユニークで本質的なアプローチをしている国があります。ブータンです。ブータンでは、ＧＮＰ（Gross National Product：国民総生産）ならぬ*「ＧＮＨ」を国の進歩を測る指標にしようとして、近年注目を集めています。**ＧＮＨとは、Gross National Happiness のこと**。つまり、「国民総幸福度」です。

国の力や進歩を「生産」ではなく「幸福」で測ろうというこのＧＮＨの考え方は、１９７６年の「第５回非同盟諸国会議」で、ブータンのワンチュク国王（当時21歳）が「ＧＮＨはＧＮＰよりも大切である」と発言したことに端を発しているといわれています。

物質的な豊かさだけでなく、精神的な豊かさも同時に進歩させていくことが大事、という考え方です。

ブータンは、国民一人当たりのGDPは低い発展途上国です。でも、ブータンの国土の26%は自然保存地区で、72%は森林地区になっています。ホームレスや乞食もいないそうです。ブータンでは「あなたは幸せですか?」という質問に対して、国民の97%が「幸せ」と答えたそうです。日本では、いったい何割の人が「幸せ」と答えるでしょうか?

1960年代~70年代初め、ブータンでは先進国の経験やモデルを研究しました。その結果、ワンチュク国王は「経済発展は南北対立や貧困問題、環境破壊、文化の喪失につながり、必ずしも幸せにつながるとは限らない」という結論に達したそうです。そこで、GNP増大政策をとらずに、人々の幸せの増大を求めるGNHという考えを打ち出しました。GNHとは、「開発はあくまで、国民を中心として行われるべきだ」というブータンの開発哲学であり、開発の最終的な目標なのです。

このGNHという概念のもと、ブータンでは、「公正な社会経済発展」「文化保存」「環境保全」「良い統治」の四つを柱として開発を進めることになりました。

幸福という概念はもともと主観的なものですし、国際的に一律の尺度で測れるようなものではないため、GNHはあくまでも概念的なものと考えられていました。しかし、この考え方が知られるようになり、「GNHを指標として数値化できないか」という声が高まったこともあって、1999年にブータン研究センターが設立され、具体的な研究がスタートしたのです。

測れないものにも大事なものがある

その後2004年には、GNHについての考え方や指標化、実践を進める「GNH国際会議」が開かれました。ブータンの首都ティンプーで2008年11月に開催された、第4回の会議に私も参加してきました。この年のテーマは「実践と測定」。理念や哲学としてのGNHから一歩出て、実際にどのように政策に反映し、実践していくか、現状や進ちょくの測定方法に焦点が移っていました。GNHという考え方はわかったけれど、それをどのように測るのか？　世界の注目が集まっていたのです。

ブータンは、先の四つの柱を国家運営の大原則とし、これを支える九つの分野を定めて検討してきました。「生活水準」「健康」「心理的・主観的幸福」「教育」「生態系と環境」「コミュニティの活力」「バランスのよい生活時間活用」「文化の活力と多様性」「良い統治」です。そして、「幸せ」を測るために九つの領域に沿って72の変数が選定され、国民調査が行われたのでした。

会議での大きな目玉の一つは、ブータン研究所からのGNH指標の発表でした。九つの分野について、どのような変数を取り上げ、どのような結果になったのか、ブータン研究所の研究者から発表され、他国の参加者からも、それぞれの幸せの測定に関する研究や実践の発表などがあり、活発な議論が交わされました。

政府がGNHを推進するといっても、国民に対して幸せを約束するわけではありませ

４本の柱から成り立つブータンのGNH

ん。国家・政府として「**個人がそれぞれＧＮＨを追求できる条件を整える」ことを約束している、**ということです。

　この会議では、海外からの参加者全員が国王主催の昼食会に招かれたのですが、そのときに「そうか、ＧＮＨの真髄とはこういうことなのか」という思いを抱く出来事がありました。昼食会に先立ち、戴冠式を終えたばかりの28歳の国王は、王宮の入り口に立って、一人ひとりと握手し、言葉を交わし、丁重に迎え入れてくれました。私も握手し、少しお話しさせていただきました。数十人もの相手をしなくてはならないというせわしさは一切なく、まるで澄み切った湖のように「いま・ここ」に１００％の注意を集中し、私と一緒にいるこの時間を大事にしてくれていることが、ひしひしと感じられ、とても感銘を受けました。

いうまでもなく、ＧＮＨを提唱しているからといって、ブータンが理想郷であるわけではありません。水道などインフラが未整備の地域も多いですし、近代化にまつわるさまざまな問題を抱えている国です。特にテレビが入ってきてから、若年犯罪の増加などが心配されています。

ＧＮＨの指標化自体もまだ初歩的な段階です。指標化・数値化することと、**「測れないものにも大事なものがある」というホリスティック（統合的）な考え方**を、どのように折り合いをつけ、ブータンにも世界にも役立つものにしていくのか、さまざまな課題があります。

それでもＧＮＨの考え方は、私たちに「本当の目的」の問い直しを迫っているように思えます。つまり、お金や物質的な成長を追い求めることは、本当に幸福のために役立つのか？　逆に、損なっていることはないか？――そうした問いを投げかけているのです。

私がヨロコブ、地球がヨロコブ「半農半X」

新しいライフスタイル──半農半Xとは?

「本当の目的」を探ろうとする人が増えている背景には、さまざまは社会問題があります。勤務先の倒産やリストラ、派遣切り、若い世代の就職難に高い離職率。高齢化社会がますます進む中、介護の問題も大きくなっています。心の病を訴える人も急増し、自殺者は年間3万人に上ります。こういった問題を即解決とまではいかないものの、大いに軽減し、徐々に解決に導き、さらに**魅力あふれる多様な未来につなげる可能性を秘めたライフスタイルとして、**＊**「半農半X」というコンセプトが広がりつつある**のです。

「半農半X」とは、京都府の北部にある綾部市在住の塩見直紀さんが1990年代半ばごろから提唱してきたライフスタイルです。自分が好きなこと、やりたいこと、誰かのために役に立てること、使命、天職、ライフワークを実践することを個々人の「X」と名づけ、職業としての農業ではなく、自分や家族が食べる程度の小さな農ある暮らしをしながら、「X」を追求して社会に積極的にかかわっていく生き方です。

塩見さんは、「このような生き方は、20世紀型の大量生産、大量消費、大量かつ長距

半農半X
提唱者の塩見直紀さんは「半農半X研究所」を主宰し、講座「半農半Xデザインスクール」やメルマガ「半農半X的生活～スローレボリューションでいこう～」を通して、「半農半X」のコンセプトを広めている。著書は台湾や韓国でも翻訳出版され、好評発売中。

半農半X研究所
http://plaza.rakuten.co.jp/simpleandmission/

離の輸送、大量廃棄と訣別し、一人ひとりが本来生まれ持っている天与の才を存分に発揮できる生き方だ」と言います。それが地球にとっても私たち人間一人ひとりにとっても、持続可能で幸せな生き方なのではないかと、自ら「半農半Ｘ」を実践し、また多くの人のミッション、すなわち「Ｘ」探しを手伝っています。

「農」と「X」の両方があるからうまくいく

塩見さんがこのような考えを持つようになったきっかけは環境問題でした。そこから新たな生き方探しが始まったのです。生まれ育った故郷の綾部を離れ、都会に暮らす中で、環境問題を将来世代の観点から考え、生き方、暮らし方を模索してきた結果、自分たちの食べる分くらいは自分たちでつくる、という自給農を志さないではいられなくなったといいます。

また、「環境問題は心の面が大きい」と塩見さんは考えています。人は必ずしも必要なものを買うためだけに消費しているわけではありません。先進諸国では、むしろ精神的に満たされない部分を埋めるために、後先考えずに消費に走ってしまったり、テレビや新聞、雑誌のコマーシャル、チラシ、店内でのＰＯＰなど、さまざまな情報に追い立てられるようにして、衝動買いしてしまうことも多いのではないでしょうか。

そんな消費の場面では、地球環境や生産者の労働条件などに思いを馳せる余裕はもちろんなく、本当に今必要なのか、自分の価値観に合っているのか、将来的に役立つものか、などといったことさえも考えず買い物カゴに入れてしまう。そんな半ば依存症とでも呼べそうな消費欲と消費行動や、自己探求の未熟さが、環境問題の根源にあるのではないかというのです。

実際に「半農」の暮らしを営む塩見さんは、自分も、周りの同じような暮らしをしている人も、また最近全国に増えている「半農半X」な暮らしをしている人々の話を聞いても、**「生活収入は減少するけれど、心の収入は大きくなる」**という原則を見出しています。つまり、日々の小さな農ある暮らしと、自分が納得いく大好きな仕事のある生き方で心が満たされているから、安易に消費に走る必要がなくなるというわけです。また、毎日の天候や水、土壌、空気といった要素が大きく影響する農業が生活の一部になるので、当然環境にも関心を向けずにはいられなくなり、環境の変化にも敏感になります。そして、レイチェル・カーソンのいう*「センス・オブ・ワンダー」も豊かになっていくのです。

「半農半X」を推奨する理由として、塩見さんは**「農」と「X」両方を実践することで相互に高め合い、深め合うことができる**点を挙げています。「農」を実践することは自然と向き合い、調和すること。生命の循環、生と死を見つめ、命を育むことを体験を通じて心身で感じ取ること。生産の場と消費の場が隔絶された現代では、多くの人が失いつつある感覚や感性を「農」は思い出させてくれます。

一方で、人は必ず折に触れ、自分自身に問いかけます――私はいったい何のために生まれてきたのか、そもそも私とは何なのか、この一生でやり遂げるべき使命は何なのか――と。その問いの答えが、寝食を忘れるほど没頭できること、体中にワクワクした感

センス・オブ・ワンダー (sense of wonder)
センス・オブ・ワンダーとは、神秘さや不思議さに目を見張る感受性を身につけること。1960年代に環境問題を告発した生物学者、レイチェル・カーソンは、著書『センス・オブ・ワンダー』の中で、「『知る』ことは、『感じる』ことの半分も重要ではない」(上遠恵子訳、新潮社刊)と述べている。

覚がみなぎるようなもの、生きていて楽しい・良かったと思えること、つまりその人だけに与えられた「Ｘ」を実践することなのです。農に携わりながら感性を高め、ただ黙々と作業をする中で思索を深めること、感受性が磨かれることで、それが「Ｘ」にも活きてきます。また、このような経済危機の時代、「ともかく来年の夏までの米はある」と思えることは何ものにも代え難い安心感でもあります。

すべては一粒の種から

かつては、たくさん所有していること、大きいことが豊かさの象徴で、人はそれを求めて生きてきました。でも今、実際に価値観がじわじわとシフトしつつあります。「本当にたくさん持っていたら幸せになれるのか？」と疑問を持つ人が増えているのです。

現在、講演や書籍、ネット配信などで、「半農半Ｘ」のコンセプトを広く伝える塩見さんは、これまで重ねられてきた「自然資産の食いつぶし」という前世代のつけを払わざるを得ない、20～40代のいわゆる「赤字世代」が、特に強い関心を示していることに手ごたえを感じています。**独り占めするのではなく分かち合うこと、大きいから良いのではなく、自分サイズであること、エネルギーを浪費し、環境を犠牲にしてまで疾走するのではなく、自然の持つスピードに委ねること。**そんな心地よさに気づき、それを生活に取り入れようとする若い世代が着実に増えているのです。

塩見さんの住む綾部でも、地元民、都市からの移住者、また老若男女を問わず、それぞれの人が自分の「Ｘ」について想いを巡らせ、実際にさまざまな「Ｘ」が花開きつつ

台湾でも公演を行う塩見直紀氏

あり、コミュニティも活性化しているようです。例えば70歳を超えた女性が、広い農家を活かして＊農家民泊（グリーンツーリズム）を始めたり、アンネ・フランクにちなんだバラを育苗し、平和の象徴として寄贈する元先生がいたり、画家夫婦が自然の感性を肌身で受けながら創作と農業の両方に携わったり。そんな綾部の情報に惹かれて見学に来る人も大勢います。塩見さんの著書が中国語に翻訳された関係で、台湾からも視察が来るほどになっているそうです。

もちろん綾部だけではなく、全国各地で「半農半X」を実践し、心豊かな暮らしに大満足をしている人が続々誕生しています。塩見さんは、**多種多様な「X」を持った人々で形成される社会にこそ、新しい満ち足りた暮らし、幸福な暮**

農家民泊（グリーンツーリズム）
農家民泊とは、普通の農家に宿泊し、農家とともに生活して、ありのままの農家の生活を体験すること。グリーン・ツーリズムとは、農山漁村地域において自然、文化、人々との交流を楽しむ滞在型の余暇活動。（財）都市農山漁村交流活性化機構の運営するウエブサイト「グリーン・ツーリズム」には、都市部の日帰りイベントから、本格的な滞在型の情報まで、参加のヒントが充実。http://www.ohrai.jp/gt/

らしの一つのモデルがあるのではないかと考え、そのような町づくりを今後のテーマに掲げているそうです。

「半農半X」を実践するには都会を離れて田舎で暮らさなくてはならない、というわけでは決してありません。ベランダ農業でも、屋上菜園でも、週末農業でも、市民農園でもいいのです。その人の「X」次第で都会を離れられない人も当然いるはずですから、柔軟な考え方が大切です。また、最初から完璧を目指す必要もありません。「農」も「X」も、はじめは1％からでも大丈夫。できることから始めてみること、**まず一粒の種を播いてみることが、「農」に近づき「X」に巡りあえる早道**なのかもしれません。

「半農半X」というコンセプトはようやく広がり始めたばかりですが、自給率、食、雇用、心、環境、高齢化社会、エネルギー、教育、お金中心主義といった現代社会の抱えるさまざまな問題に、一筋の光を投げかける生き方を示しているのではないでしょうか。その答えは10年後、いえ、数年後には出ているのかもしれません。

コスト・リテラシーを高めよう

大切な三つの「コスト」

従来の市場主義経済から距離を置こうとしても、何かをするときには必ずコストが発生するのも事実です。祈っているだけでは幸福は得られません。温暖化対策ひとつとっても、未来世代への影響と責任を考えれば、「コストがかかるからやらない」とは言えないはずです。

これから間違いなく増えてくるのが、「誰がコストを負担するのか」という議論です。そこで重要なのは、私たちの「コスト・リテラシー」を高めることです。

私はあちこちで講演させていただく機会があると、

(1)「いくらかかるか?」(cost of action)
(2)「それによって得られるメリットは?」(benefit of action)
(3)「それをやらなかったときのコストは?」(cost of inaction)

を考えよう、とお伝えしています。

私たちは「何をしたらいくらかかるか」だけで話をしがちです。(1)の「cost of action」（やるときのコスト）です。一方、「**そうすることで、どんなメリットがあるのか**」も考える必要があります。省エネ設備に替えたらエネルギー消費量とコストが減ります。太陽光パネルをつけたら電力料金が減ります。また、「膨大な投資が必要」ということは、それだけ経済や市場にお金が回るというプラス面もあります。これが(2)の「benefit of action」（やることのメリット）です。

太陽光パネルの「メリット」も、単に電気料金が安くなるだけではなく、災害や停電時にライフラインが途切れても自家発電できる安心感や、発電量・消費量のメーターを見ることで自然と無駄な電気を使わなくなり省エネ型生活になること、お日さまの恵みを身近に感じてありがたいと思えることなど、きっといろいろとあると思います。

そして、「**それをやらなかったら、将来どのくらいのコストがかかるのか？**」も忘れてはなりません。新興国などの石油需要は増える一方、世界の産油量はじきに（あるいはすでに）ピークを迎え、化石燃料の価格や化石火力発電コストが高騰していくことでしょう。省エネ設備や自然エネルギーを導入しなければ、将来的にどれほどのコストがかかることになるのでしょうか？

そして、「やらなかった場合の将来のコスト」を払うのは、私たちだけではありません。**温暖化が止められなかった場合、将来世代はどのようなツケを払うことになるのでしょうか？** これらが(3)の「cost of inaction」（やらなかったときのコスト）です。

コストについては、この三つの点を漏れなく提示し、考え合わせて判断することが大事なのです。

真の民主社会をめざして

以前、温暖化対策について「家庭ではいくら負担してもよいか」と尋ねる内閣府の世論調査がありました。そのとき、その結果を引いて、「月額1000円以下という人が6割以上いる。国民は負担したがっていない」と結論づける論調が見られました。

この世論調査の質問項目は、このようになっています。

「低炭素社会」をつくるためには、割高ではあるが高性能な省エネ家電・住宅や環境に優しい自動車に買い替えたり、住宅に太陽光発電を新たに設置したり、発電所での対策費用をまかなうために電力料金が値上げされるなど、家計の負担が増える側面がありま す。一方で、家電、住宅、車が省エネ型になることなどにより、電気、ガス、灯油、ガソリンの使用量を減らせるなど、家計の負担が減る側面もあります。「低炭素社会」づくりのために、あなたはどの程度なら家計の負担が増えてもよいと考えますか。

「1000円、捨てますか?」と聞かれたら、だれだって「いやだ」と答えるでしょう。この質問項目には、メリットがある可能性は多少書いてありますが、この説明では「いくらだったらお金を捨てますか?」と聞かれているのとあまり変わらないのではないでしょうか。それだったら「少ない方がいい」と答える人が増えるのではないか、と思います。

「今お金をかければ、こういうメリットがあります。そして、今お金をかけなければ、将来こういうコストやデメリットが生じます」という全体像を示して初めて、きちんとしたコストや負担の議論ができるのです。そして、きちんと説明すれば、多くの人はきちんと考える力を持っています。

２００９年2月、私が代表を務める（有）イーズでは、再生可能エネルギーの普及を促進する「固定価格買取制度」について、一般の主婦３００人を対象にアンケートを行いました。質問項目はこのようになっています。

環境省の研究会の試算によると、日本でこの制度を中心とする政策によって、２０３０年までに現状の55倍の太陽光発電を導入でき、化石燃料の節減や太陽光発電の輸出増加などで約48兆円のＧＤＰと約70万人の雇用を創出、エネルギー自給率は現在の約５％から約16％まで上昇し、多くのＣＯ２を削減できます。

一方、この制度はコスト増分を消費者が薄く広く負担する仕組みなので、電気代は標準世帯で月平均２６０円アップします（日常生活に最低限必要な使用量には上乗せしないなど、低所得者層への配慮はあります）。

電気代が月平均２６０円アップする場合、あなたは「固定価格買取制度」の導入に賛成ですか、反対ですか？

この結果、回答者の53％が「電気代が月平均260円アップしても賛成」と答えました。「コスト負担が増えるなら反対」は全体の5％でした。

温暖化にせよ、生物多様性にしても、地元の公害問題にしても、「必要な対策をすると、こんなにコストがかかる。人々の負担はこんなに大きくなる。それでもいいのですか」という主張に出合うことがあるでしょう。そのときは、ひるむことなく「ちょっと待って下さい。**その対策のメリットは何ですか？　もしその対策をやらなかったら、将来的に私たちや未来世代はどういうコストを払うことになるのですか？」と聞いてみましょう。**

温暖化対策のコストや負担についての議論は、一人ひとりがしっかり全体像をつかんで考える力をつける絶好の機会です。日本や世界が真の民主的な社会になっていくためのよい練習問題ではないか——そのように感じています。

第2章

農と食のつながりを見つめなおす

食料自給率から見る日本の食事情

ずば抜けて低い食料自給率

皆さんは国の食料自給率について考えることはありますか？　食料自給率とは、国民の一日分の食料をどの程度まで自国内で生産できているかを示す指標です。日本で用いられる数字はカロリーベースと言われるもので、「(国民一人の一日あたりの国産供給カロリー)÷(国民一人の一日あたりの総供給カロリー)」という形で計算されます。これに加え、先進国から途上国にいたるまでデータが揃っている穀物自給率も、国ごとの比較の際にはよく使用されます。

最近、異常気象による干ばつや水害といった、農業に直接影響を与える自然災害が増えていること、人口増加と食生活の変化に伴い、中国やインドなど、かつての食料輸出大国が食品によっては輸入国へ転じていること、長距離輸送によるエネルギーの浪費、温室効果ガス排出の増大という、いわゆる*フードマイレージの問題など、食や農業を取り巻く環境が大きく変わりつつあります。そんな現代では、いかに輸入に頼らず自国で食をまかなえるか――つまり「食料自給率」に着目することは非常に重要です。国の

フードマイレージ

フードマイレージは、食べものが運ばれてきた距離のこと。生産地と消費地が近ければ小さくなり、遠くから運んでくると大きくなる。日本で「フードマイレージ・キャンペーン」を展開する、環境NGO「大地を守る会」の試算によれば、輸入小麦の食パンは国産小麦のものより、5倍も多くのCO_2を排出するという。

フードマイレージ・キャンペーン
http://www.food-mileage.com/

主要先進国の食料自給率（農林水産省調べ）

安全保障問題にもつながるため、近ごろ注目を浴びるようになってきました。

この食料自給率、日本は１９６１年には78％ありましたが、その後は下降の一途をたどり、10年後の１９７１年には20％ダウンして58％、１９８９年にはついに50％を割り、１９９８年からは40％という数字が続いています。２００６年度には40％も割って39％に落ち込んだため、マスコミでも大きくとりあげられるようになり、私たちもよく耳にする言葉になりました。**この数字は、主要先進国の中では最も低く**、比較的低い国でも、スイスが50〜60％の間を行ったりきたり、お隣の韓国も40％台後半といったところです。

主食である米は100%近く自給している日本ですが、穀物自給率を見ると、食品全体で見る食料自給率よりもさらに低く、28%(2008年度)しかありません。これは、畜産物の飼料となるトウモロコシなどの穀類をほぼ100%輸入に頼っていること、また麺類やパンなどに使用される小麦やそばも10~20%程度しか自給できていないことが原因です。

かつて78%あった自給率が約半分の40%にまで落ち込んでしまった原因には、農業離れ、輸入依存などさまざまな要素が考えられますが、大きく影響している要因の一つが、私たちの食生活の変化です。国が豊かになるのと同時に食生活がどんどん欧米化し、肉類・油脂類の摂取は、1960年と比較すると3~4倍に増え、反対に米の消費は約半分に減少しています。つまり、**自給できる食品の消費が減り、逆にほとんど自給できていない食品の消費が増加し、自給率の低下に拍車をかけている**のが現状です。

自給率の向上に向けて

このような危機的とも言える食料自給率に対し、政府も手をこまねいているわけではありません。*「FOOD ACTION NIPPON」と題し、2015年度までに食料自給率を45%にまで向上させようと、人々が具体的な行動を起こせるような普及・啓発を実施しています。

特に政府が積極的に取り組んでいることの一つが米粉の活用です。主食として消費さ

FOOD ACTION NIPPON
ウェブサイトには、各種啓発イベントの情報のほか、各地の「推進パートナー」の取り組みが紹介されている。
http://www.syokuryo.jp/

れる米は減少しているわけですが、小麦のように粉として使用することで、これまでとは違う消費方法を模索・提案しています。小麦に含まれるグルテンにアレルギーを持つ人にとって、米粉は欧米でも代替食品として注目を集めていますが、日本では古くから和菓子の材料などにも用いられてきました。

しかし、米粉にはもっと多くの可能性があると、政府が率先して広報活動を行い、専門サイトを立ち上げ、和菓子だけに限らず、メインの料理から洋風デザートにいたるまで、レパートリーも豊富なレシピや米粉製品の紹介、各地や関連企業で実施されるイベントの紹介などを通じて米粉の消費拡大を進めています。

米粉に限らず、国産製品を広めるためのイベントや普及活動を運営する団体や企業は「推進パートナー」と呼ばれ、政府がその組織化を後押ししています。2009年10月には2000社強だったこの推進パートナーは、2010年10月現在では約3700社にまで増えています。政府は2010年度中に、さらに5000社にまで引き上げようとしています。

また、2009年秋からスタートしたのが*「マルシェ・ジャポン・プロジェクト」です。これは、欧米の街角や広場などでよく見かけるマルシェ（市場）を再現したもので、「おいしさ 手わたし わくわく市場」というメッセージで、全国各地で開催されています。国産の野菜を中心とし、乳製品や加工品なども立ち並ぶマルシェは、固定客がついている開催地も多く、消費者にとって楽しいひとときとなっているようです。

その魅力は、単にかごに入れるだけのスーパーマーケットでの買い物と違い、旬の食

マルシェ・ジャポン・プロジェクト
毎週のように開かれる開催情報や、旬の素材を生かしたレシピの紹介も。
http://www.marche-japon.org/

材やおいしい食べ方について教えてもらったり、珍しい食材に出合えたりすることや、**つくり手や売り手とコミュニケーションを取りながら買い物ができる**ことでしょう。生産者にとっても、直接消費者と接することで、消費者が何を求めているのか、生の声を聞くことができ、生産の参考や励みにもなります。双方向にとって有益な取り組みと言えるでしょう。

「緑提灯」でエコな一杯

政府の呼びかけに応じて、民間でもさまざまな取り組みが始まっています。違法の農薬が輸入野菜から検出された事件などを受けて、買い物の際には表示を見て、割高であっても国産のものを選ぶ人が増えつつありますが、外食産業には表示の義務がないため、どのような食材が使用されているかわかりません。

そんな状況に着目して、北海道から始まり、今、全国の飲食店に少しずつ浸透しつつあるのが＊「緑提灯」です。赤提灯と言えば、会社帰りのお父さんが立ち寄る飲み屋のことですが、**緑提灯は環境に配慮した飲み屋だけが掲げられる提灯**です。国産食材を50％以上使用していれば1ツ星、以降10％増えるごとに星が増え、90％以上使用している店は5ツ星の緑提灯となります。２００５年4月に北海道小樽市に灯った第1号店を皮切りに、今では全国でおよそ３０００店が緑提灯を掲げています（２０１０年10月現在）。街中で目に留まりやすいため、食べ物の自給率に無関心だった人にも訴えることのできる有効なツールと言えます。

緑提灯
「緑提灯応援隊」になると、行きつけのレストランや居酒屋などに提灯を下げるように勧めることもできる。隊員としての唯一の義務は、赤提灯の店と緑提灯の店が並んでいたら、ためらわずに緑提灯の店に入ること！
http://midori-chouchin.jp/

それ以外にも、農家の後継者、全国各地の新たに就農した若手農業者、意識の高い消費者が集まるネットワークを形成することで、21世紀の農業を支える新たな仕組みづくりを行うＮＰＯや、遊休地や耕作放棄地を開墾するプログラムをつくり、都市住民に呼びかけたり、企業のＣＳＲ（企業の社会的責任）と結びつけて、地方に都会の人を連れてきて開墾にいそしむ週末を提供しているＮＰＯなどがあります。農と一般市民をつなげることに注力する団体や、直接市民が農業に取り組める援農を促進したり、市民農園を提供する自治体や企業も急速に増えています。

持続可能な有機の里―埼玉県小川町

有機的な循環をめざして

安心・安全で地域の活性化にもつながる農業の取り組みが埼玉県小川町で行われています。3万4000人余りが暮らす小川町は、里山の自然環境や歴史を残す町並みから「武蔵の小京都」と呼ばれています。1300年の歴史を誇る手漉《てす》き和紙や小川絹、森林資源を活用した建具や良質な水を利用した酒造などの伝統産業で栄えてきました。

この小川町で40年近く前から有機農業を実践してきたのが金子美登《よしのり》さんです。金子さんが農業を始めた1970年代、ローマ・クラブの*『成長の限界』が発表され、**このまま人口も経済も成長を続けて環境破壊が進めば、人類の成長は限界に達する**という内容が、世界中で大きな反響を呼びました。また同じころ、石油ショックが起こって世界経済は大きく混乱し、日本ではイタイイタイ病や水俣病などの環境汚染が原因の公害病が多発したほか、米の生産調整のための減反政策が始まりました。

こうした中で金子さんは、「これからの農業は安全でおいしく、栄養価のあるものを豊かに自給していくことが大事」と考えました。**やがて枯渇する化石燃料や鉱物資源に**

『成長の限界』
グローバルな問題に対処するために設立された民間シンクタンク「ローマ・クラブ」に委託され、当時マサチューセッツ工科大学のデニス・メドウズ博士らがシステムダイナミクスの手法を使用してとりまとめ、1972年に発表された研究報告書。人口増加や環境汚染などの傾向が続けば、100年以内に地球上の成長は限界に達すると警鐘を鳴らした。
日本語で読める書籍としては、『成長の限界―ローマ・クラブ人類の危機レポート』（1972年）、『成長の限界を超えて』（1992年）『成長の限界―人類の選択』（2005年、いずれもダイヤモンド社刊）がある。

依存する「工業化社会」から、永続的な「農的社会」がやってくると考えたのです。

安全でおいしいものをつくるには、化学肥料や農薬を使わずに自然の有機的な循環を利用して農業をすること——そう信じる金子さんの農場では、その季節にあったさまざまな作物を栽培しながら、牛や鶏、合鴨などを飼育する*有畜複合農業を実践しています。畑で採れた食べものを食べ、生ごみや作物のくず、雑草などは動物のえさになり、その糞尿や山から集めた落ち葉が堆肥となって、田や畑の栄養になるという循環です。

こうした**有機農業による循環に加えて、エネルギーも自給できれば本当の自立につながります**。そこで小川町では、太陽光、バイオガスなどの自然エネルギーの活用や、食用油の廃油を利用したＳＶＯ（Straight Vegetable Oil）燃料のトラクターや乗用車の利用にも取り組んでいます。金子さんはすでに、トラクター2台、自家用車2台をＳＶＯに転換し、地元のＮＰＯ「生活工房つばさ・游」と協働で、農機具のＳＶＯ化講習なども行っています。

有機農業は天候などの自然条件に大きく左右され、生産量が一定でないことも多く、作物の大きさや形もまちまちなため、一般市場には流通しにくい面があります。そこで、有機農業を支え、町の活性化にもつなげようと、地場産業との連携にも力を入れてきました。１９８８年、地元の酒造メーカーと提携して発売した有機米を使った「小川の自然酒」を皮切りに、醤油、乾麺、豆腐など、地場産有機農作物を使った商品が開発されています。「有機栽培の大豆はすべて買い支える」という地元企業や、企業ぐるみで有機米を購入する地元企業なども町の有機農業を支えています。

有畜複合農業
複合農業とは、異なる部門を組み合わせた農業経営形態で、耕種と畜産の結合した有畜複合経営は、環境保全の観点からも合理性の高い経営形態として再認識されている。

地元のＮＰＯがつくったコミュニティ・カフェ「ベリカフェつばさ・游」

最近では、生活工房つばさ・游が、有機野菜を地元の人に食べてもらうためのコミュニティ・カフェ「ベリカフェつばさ・游」を設立し、農家と市民が協働し、日替わりシェフとして腕をふるっています。

有機農作物の販路が生まれたり、無農薬・無化学肥料栽培の実践例を身近に見たり、その収穫物の質の違いを実感したりして、有機農業に切り替える生産者も増えてきました。「70歳を過ぎて、農業がこんなに楽しいものだと初めて知った」という農家も現れるなど、**有機農業を中心に町が活性化していく「プラスの循環」**が起きてきています。

多くの人を巻き込む

有機農業の後継者を育てようと、金子さんがこの四半世紀あまりで受け入れた研修生は１００人を超え、日本のみならず世界各地で活躍しています。研修を受けて小川町で独立した生産者を中心に、1994年には「小川町有機農業生産者グループ」という任意団体を立ち上げ、現在は30軒余りの有機農家が共同出荷などに取り組んでいます。

「近年の食の安全や環境という気運に後押しされ、有機農業は広く一般にも認知されるようになってきました。でもまだ、生産者にとってはリスクの大きい、労働量の多い農法ですし、消費者の理解も十分とはいえません。技術の向上や情報交換の機会を求め、販路を拡大し、消費者の理解を深める活動を続けていきたい。共存する自然環境に負荷をかけない生き方や、人を大切にし、豊かに自給する農業をめざしていきます」と有機農業生産グループのメンバー、岩崎民江さんは語ります。

小川町有機農業生産者グループの取り組みは、行政や市民とも連携しながら広がり、小川町は「有機の里」として、有機農業を学びたい若者をはじめ、さまざまな人が訪れるようになりました。金子さんは1999年には小川町議会議員に当選し、政治の側から有機農業を生かした「食、エネルギー自給、循環型の町づくり」に取り組んでいます。

さらに小川町は、2008年に農林水産省の「有機農業のモデルタウン」に選ばれました。有機農業生産者グループを中心に、行政、JA（農協）、一般の生産者を含む団体、そして市民も巻き込んで発足した「小川町有機農業推進協議会」が、有機農業を新しく始めたい人向けの相談会を開催するなど、有機農業の推進に努めています。

こうした取り組みの結果、「有機農業を通じた『美しくて豊かな里』づくり」を実践していると評価され、2010年10月には「農林水産祭天皇杯」（農林水産省など主催）のむらづくり部門で受賞を果たし、全国への広がりが期待されています。

企業の農業参入が生み出す変化に期待

地域の農協とともに――消費者の声を生かした循環型農業

食料自給率と同様に深刻なのが、耕作放棄地（または遊休農地）の増加、農業従事者の高齢化、深刻な後継者不足といった問題です。耕作放棄地は1985年まで、全国で約13万ヘクタールと横ばい状態でしたが、それ以降は増加を続け、2010年時点で約40万ヘクタールとなっています。また、農業就業人口は260万人で、5年前と比べて75万人（22・4％）減少。平均年齢は65・8歳と高齢化が進んでいます（2010年世界農林業センサス暫定値・農林水産省より）。

1952年に制定された農地法の趣旨は、「農地はその耕作者自らが所有することを最も適当であると認める」というものでした。いわゆる自作農主義で、耕作者の農地取得を促進し、原則として法人の農地取得などを制限してきました。この主義は、戦後の農村の民主化に寄与してきましたが、一方で農業経営規模の零細化や、農地が数カ所に分散し、しかもそれが他者の農地と混在している日本特有の状態を生み出す大きな原因となりました。

このままでは日本の食料生産基盤が崩壊しかねないという深刻な状況を受けて（050ページ参照）、法制レベルでも、企業の農業参入の規制緩和が始められました。昨今、食の安全性を問う事件が頻繁に起こっていることもあり、食品に安全・安心を求める消費者の声が強まっていることも、こういった動きを後押ししています。

２００８年８月、コンビニエンスストア、総合スーパー、百貨店の各業界の大手を傘下に持つ流通グループのセブン＆アイ・ホールディングスは、富里市農業協同組合の協力を得て、グループ初の農業生産法人「セブンファーム富里」を千葉県富里市内に設立しました。約２ヘクタールの農場で大根・キャベツ・人参などを栽培しています。

同社の特徴の一つが「完全循環型のリサイクル・ループ」を構築している点です。千葉県内にある、グループ子会社・イトーヨーカドーの店舗から排出された食品残さを肥料として再生・活用。収穫された農産物を、千葉県内の店舗で販売しています。

もう一つの特徴は、生産農家であるＪＡ富里市組合員とイトーヨーカドー社員が一緒になって農作物の生産に取り組んでいることです。ＪＡ富里市組合員の津田博明さんは、「これまでの複雑な流通経路ではわからなかった店舗での売れ行き情報や、食品の安全・安心に関するお客さまの声を直接得ることができます」と言います。

こうした情報を日々の農作業に反映させながら、消費者のニーズに合った安全・安心な農作物を育てようと努力しています。また、生鮮食品としては大きさ・形状などが規格外のものも、品質的には問題ないことをしっかり伝えて販売したり、漬け物の原料として有効活用することで、無駄を出さないよう工夫しています。「セブンファーム富里」

は、地元の農業従事者と対話しながら、地元「富里」にしっかりと根をはった事業に発展する可能性がありそうです。

ほかにも、直営農場で有機野菜を全国の農場でリレー栽培し、その安定供給に取り組む「ワタミファーム」（外食産業ワタミグループ）、ハンバーガーチェーン・モスバーガーのトマトを安定供給している「サングレイス」（モスフードサービス、野菜くらぶが出資）など、外食産業からの参入も盛んになってきました。

農業に参入する企業に、いよいよ追い風が吹き始めたのです。生産だけでなく、流通、販売までを視野に入れた事業展開により、農業と経済がより円滑につながった仕組みが構築されつつあります。またその変化を受けて、これまで地道に農業に取り組んできた農家も、「どんな作物を、どのように、誰に届けたいか」という思いを、もっと社会や消費者にアピールすることで、これまでのような農協を通しての共同販売だけではない、さまざまな市場の仕組みを通した取り組みも増えてくるかもしれません。日本の農業に大きな変化のうねりが生まれることが期待されています。

第3章

足元の自然資本を生かして生態系を守る

生物多様性の保全に向けて

生物多様性＝さまざまな生き物がいること？

「生物多様性」という言葉を耳にする機会が増えてきました。２０１０年10月、「生物の多様性に関する条約（生物多様性条約）」の第10回締約国会議（ＣＯＰ10）が名古屋で開かれたこともあり、新聞など一般のメディアでも生物多様性について頻繁に取り上げられるようになっています。でもその一方で、「生物多様性はわかりにくい、人にも伝えにくい」という声もいまだによく聞きます。

生物多様性という言葉を聞いたとき、どのようなイメージが浮かびますか？――こう尋ねると多くの場合、「いろいろな種類の生き物がいること」という答えが返ってきます。動物園や水族館、植物園、そして生き物図鑑のイラストのように、「さまざまな生き物がいる状態」は目にも見えるし、わかりやすく、想像もしやすいでしょう。もちろん「さまざまな種類の生き物がいること」も生物多様性の大事な側面の一つではありますが、それがすべてではありません。

では、生物多様性とは何でしょうか？　よく引用されるのは生物多様性条約に示されている定義です。条約では、生物多様性とは「すべての生物（陸上生態系、海洋その他の水界生態系、これらが複合した生態系その他生息又は生育の場のいかんを問わない）の間の変異性をいうものとし、種内の多様性、種間の多様性及び生態系の多様性を含む」と定義されています。つまり、「**さまざまな生態系に、さまざまな種が、さまざまな遺伝子を有して生きている**」という、この三つのレベルのすべてにおける多様性を考えることが大切です。

例えば、森の中に入ると、さまざまな植物や動物が生きていますが、生き物たちはバラバラに存在しているのではありません。さまざまなつながりを持っています。木に太陽の光が届くと、葉っぱが茂り、その葉っぱを毛虫や青虫が食べます。その毛虫や青虫を小鳥が食べ、その小鳥をオオタカなどの猛禽類が食べます。鳥の死骸を食べる昆虫もいれば、落ち葉などを分解する微生物もいます。そうしてできた栄養分で植物が育ちます。

地球上には、数十億年という進化の過程の中で、多くの生物種が生まれてきました。お互いに「食べる・食べられる」という関係や、虫が花粉を運ぶなどの共生関係でつながり、支え合って生きているのです。ですから、たった一種類の生物がいなくなっても、全体に影響が出てきます。

私たち人間も例外ではありません。一つの生物種として大きな「つながりの連鎖」の中に生きています。**多様な生物が存在しているおかげで、私たちは、さまざまな恩恵を自然界から受けている**のです。これは「**生態系サービス**」と呼ばれるものです。

毎日の食事から、新鮮な空気、自然災害の緩和まで、生物多様性の恵みがなければ、私たちは一日たりとも暮らすことができません。例えば、現在使われている薬の60％は、自然の産物からつくられたものだといわれます。まだ発見されていないものも含め、さまざまな生物が、がんをはじめとする多くの疾病に対する重要な薬を、いずれ提供してくれる可能性もあります。**生物多様性が失われると、私たちの命や人間の生存そのものも脅かされる**のです。

「つながり」に思いを馳せる

ところが現在、生物多様性が危機に瀕しています。生息地の破壊や汚染、野生生物の過剰利用や外来種による在来種の駆逐、少数の種のみを栽培・繁殖するなどの原因が複合的にからみあって、**通常の1000倍のスピードで種の絶滅が進んでいる**といわれています。

冒頭で触れた「生物多様性条約」は、こうした状況を何とかしようと定められた世界的な取り決めです。1992年の国連会議で採択され、日本は条約に基づいて、1995年に最初の「生物多様性国家戦略」を策定。2007年11月には、第三次生物多様性国家戦略が策定されています。これ以降、生物多様性の保全を促進する法体系が整備・改正され、それぞれの地域に固有の生態系を取り戻そうという動きが進んでいます。企業でも、「生物多様性方針」を発表するなど、何らかの取り組みを始めるところが増えてきました。

2010年10月には名古屋で第10回締約国会議（COP10）が開かれ、医薬品などの元

MSC

MSC（Marine Stewardship Council：海洋管理協議会）は、責任ある漁業を推奨する国際機関。海洋の自然環境や水産資源を守って獲られた水産物に与えられる「海のエコラベル」を認証している。消費者はこのラベルがついた商品を選ぶことで、世界の海洋保全を応援できる。

MSC日本事務所のウェブサイトで、認証つき商品が購入できる店舗一覧がわかる。

http://www.msc.org/

FSC

FSC（Forest Stewardship Council：森林管理協議会）は、木材を生産する世界の森林と、その森林から切り出された木材の流通や加工プロセスを認証する国際機関。森林の環境保全に配慮し、地域社会の利益にかない、経済的にも継続可能な形で生産された木材が認証される。

国内ではFSCジャパンが窓口となり、音楽キ

になる遺伝資源の利用と利益配分の国際ルールを定めた「名古屋議定書」や、生態系保全の数値目標を掲げた「愛知ターゲット」が採択されています。

こうした中で、私たち一人ひとりには何ができるでしょうか？　まずは暮らしを支えているすべてのものに対して、**「それはどこから来たのか」「どのようにつくられているのか」と、思いを馳せること**が大切です。

食品はスーパーの棚に生まれるわけではありません。そこに並ぶ前には、必ず生態系や生物多様性に支えられた生態系サービスがあるはずです。リンゴをかじっても、アーモンドチョコレートをほおばっても、ミツバチの提供している受粉媒介サービスがあってこそ、リンゴもアーモンドも花を咲かせ、実をつけるのだということに思いを馳せることです。私たちの毎日の暮らしがいかに生態系や生物多様性に支えられているか、そして、今それが見えなくなっていることに気づくことでしょう。

その上で、生態系や生物多様性への影響をできるだけ減らす方法を考えてみます。毎日の買い物ひとつとっても、海の生態系を壊すトロール漁法で捕った魚も、持続可能な漁業の認証を受けた魚も、スーパーでは同じように並べられていますが、選ぶのは私たち消費者の責任なのです。

では、どのように「見分ける」ことができるのでしょうか？　具体的には、*ＭＳＣ、*ＦＳＣといった持続可能な水産業や林業の認証を受けたもの、オーガニック（有機栽培）のように、化学肥料、農薬などを極力使わずに育てた農作物は、生態系や生物多様性への悪影響が少ない商品です。*フェアトレードの商品も生態系や生物多様性を守るため

ャンペーンなども行いながら普及に努めている。http://www.forsta.or.jp/fsc/

フェアトレード
日本のフェアトレードは、１９８６年に（株）プレス・オールターナティブによる「第３世界ショップ」に始まった。１９９０年前後以降、いくつもの団体が生まれ、日本各地でフェアトレードショップができた。２０００年代に入ると、スターバックスコーヒーやイオンなど、大手企業もフェアトレード商品の取り扱いを始めているが、欧米に比べて日本の市場規模はまだ小さい。
毎年５月には、ＩＦＡＴ（国際フェアトレード連盟）に加盟する世界中の組織や生産者による「世界フェアトレード・デー」が開催され、日本国内でもさまざまなイベントが開かれる。

に役に立ちます。フェアトレード商品は、途上国に適正な賃金を支払い、児童労働を使わないというだけではなく、環境や生態系を守る栽培方法をしているからです。

また、レジャーやペットを通しても、私たちの生活は生態系とつながっています。例えば、ブラックバスという通称で釣り愛好家に人気の高い、北米原産の淡水魚がいます。人の手で日本に持ち込まれた外来種ですが、今では日本中の湖や池に生息しています。魚を大量に食べてしまうので、在来種を脅かすとして、環境省の「特定外来生物による生態系等に係る被害の防止に関する法律（外来生物法）」で「特定外来生物」として指定され、規制・防除の対象となっています。

このように、私たちの個人の楽しみとしてのレジャーも、生態系や生物多様性につながっているのです。どのような影響を与えるのかをよく考えて、できるだけ「生態系や生物多様性を損なうことにつながる行動」をしないようにすることが大事です。

さらに、もう一歩進んで、生態系や生物多様性を積極的に守ることもできるでしょう。庭があるなら外来種ではなく自生種の植物を植えたり、ビオトープをつくって、地域のさまざまな生き物が集まれるようにすることができるでしょう。この地球上にさまざまな生態系、さまざまな生き物、さまざまな遺伝資源が生きていけるように、残されている生態系を守り、広げていくことが大切です。

よくよく周りを見渡してみると、わざわざ「生物多様性の保全」とうたっていなくても、それにつながる活動があちこちで行われています。そうした身近な活動に参加する中で、自分なりの生態系とのつながりを感じてみませんか。

人とガンが共生する米づくりの里
――宮城県大崎市

ラムサール条約会議で「水田決議」が採択

さまざまな自然環境の中でも、**生きものたちにとって、湿地は特に重要な役割を果たしています**。湿原、河川、湖沼、貯水池、水田、海岸、干潟、サンゴ礁など、さまざまな湿地が多様な動植物の生息地となっているのです。しかし近年、土地利用の改変や開発など人間活動の影響を受け、湿地生態系は急速に失われつつあります。湿地は国境を越えて移動する渡り鳥の休息地としても重要な場所なので、湿地保全のためには国家間の連携が欠かせません。

湿地生態系の保全に関する国際的な枠組みとしては、１９７１年に制定された「ラムサール条約（特に水鳥の生息地として国際的に重要な湿地に関する条約）」があります。締約国は、湿地の保全と「賢明な利用（ワイズユース）」に努めなければなりません。湿地は、生物多様性を保護するだけでなく、農業、漁業、観光業など、私たちの生活にとっても貴重な資源です。そのためこの条約では、湿地の生態系を維持しつつ、そこから得られる恵みを持続的に活用するという「賢明な利用」を基本原則としているのです。

ラムサール条約
各地の湿地にかかわるグループや個人から成り立っているネットワーク組織に、２００９年４月に設立された「ラムサール・ネットワーク日本」がある。地域の草の根グループや世界のＮＧＯと連携しながら、ラムサール条約に基づく考え方・方法で、湿地の保全、再生、賢明な利用の実現を目指して活動している。
http://www.ramnet-j.org/

２００８年に韓国の昌原《チャンウォン》市で開催された第10回締約国会議では、日本と韓国が共同で提出した「湿地システムとしての水田の生物多様性の向上に関する決議文（水田決議）」が採択され、アジアを代表する人工湿地である水田の重要性が再認識されました。それ以来、湿地生態系の保全と「賢明な利用」を目指す水田農業のあり方が、世界的にクローズアップされてきました。

日本最大級のマガンの越冬地、蕪栗沼

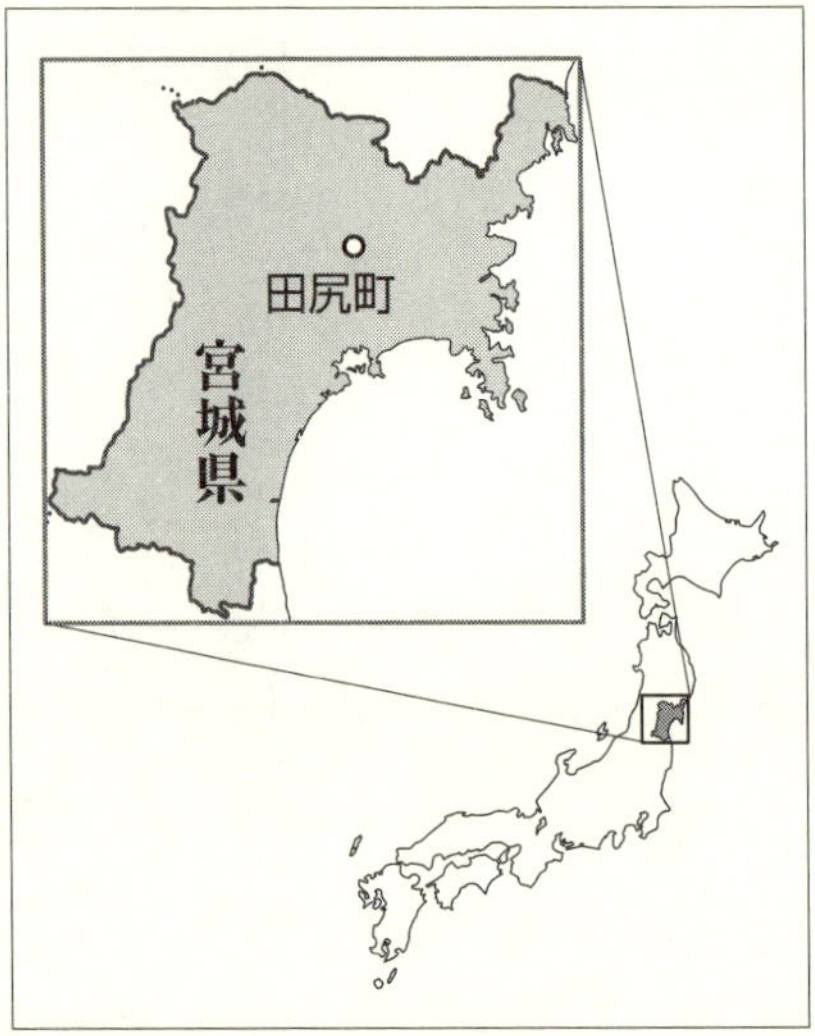

水田の価値が本格的に注目されるようになったのは、２００５年、宮城県田尻町（現在の大崎市）の「蕪栗《かぶくり》沼・周辺水田」が、ラムサール条約湿地に登録されたことがきっかけです。ラムサール条約登録湿地は、世界１８９６カ所（２０１０年８月現在）に及びますが、「水田」という名の登録地は、「蕪栗沼・周辺水田」しかありません。登録された面積４２３ヘクタールのうち、３分の２近い２５９ヘクタールが水田という非常に稀な条約湿地です。

蕪栗沼は、東北地方を流れる大河、北上川の氾濫原にできた自然遊水池で、その多くがヨシやマコモなどの水生植物で

覆われています。もともとは400ヘクタールにも及ぶ大きな沼（湿地）でしたが、100年ほど前から水田干拓が進み、100ヘクタールまで減少しました。その後1997年に、沼の東側に隣接する白鳥地区の水田50ヘクタールが自然の湿地へと復元され、現在は150ヘクタールとなっています。

蕪栗沼のある宮城県北部の仙北平野は日本有数の稲作地帯です。「ササニシキ」や「ひとめぼれ」など良質米の産地で、見渡す限りの水田が広がっています。また、渡り鳥の楽園としても知られ、毎年冬になると、マガンやヒシクイなど数万羽の水鳥がロシアから渡ってきます。蕪栗沼とその北にある伊豆沼・内沼は、日本最大級のマガンの越冬地で、1999年に「東ア

飛び立つマガンの群れ

ジア地域ガン・カモ類重要生息地」になりました。

この地域へやってくるマガンは、主に沼をねぐらにして、日中は収穫後の田んぼで落ちモミや雑草を食べて過ごしています。非常に警戒心が強く、マガンの生息には、安全なねぐらとなる水面と、餌場となる水田が不可欠と言われています。マガンはかつて、日本各地に飛来していましたが、安全なねぐらと餌場が少なくなり、現在では9割以上が宮城県北部に集中するようになりました。

しかし、水鳥があまりに集中すると、伝染病の蔓延による大量死や、沼の水質悪化につながる危険性があります。このため、田尻町では、地元の農家や学識経験者、NPO関係者などと連携し、蕪栗沼の周辺水田を「ふゆみずたんぼ（冬期湛水水田）」にすることで、沼に集中するマガンのねぐらを分散させることにしました。

「ふゆみずたんぼ」は、稲刈り終了後、田んぼを耕さずにそのままにし、春にかけて水を貯めておく水田のことです。また、栽培期間中は、農薬・化学肥料を一切使いません。田尻町では、2003年12月から農林水産省の「田園自然環境保全・再生支援事業」を導入し、蕪栗沼の南側に位置する伸萠《しんぽう》地区の水田20ヘクタールで、「ふゆみずたんぼ」の取り組みを始めました。

慣行農法とは大きく異なる「ふゆみずたんぼ」には、いくつかの難点があります。特に問題となるのが、冬場の水の確保です。この問題を解決するため、伸萠地区には、既存の用水路から「ふゆみずたんぼ」用に取水するパイプラインを設置しました。また、無農薬・無化学肥料による栽培は、農家にとって大きなリスクとなるため、「ふゆみずたんぼ」に取り組む農家には交付金を支払うことにしました。

「ふゆみずたんぼ」が生み出す恩恵

いざ始めてみると、「ふゆみずたんぼ」はさまざまな恩恵をもたらす優れた農法であることが分かってきました。まず一つは抑草効果です。冬の田んぼに水を張ると、稲の切り株やワラなどの有機物が水中で分解され、菌類やイトミミズが住むようになります。やがて、イトミミズから出る大量の糞と菌類が混ざり合い、肥沃なトロトロ層（粒子の細かい泥の層）が形成されます。このトロトロ層は、1年で10センチ近く堆積するため、雑草の種を埋没させ、発芽を抑制する効果があるのです。

もう一つは施肥効果です。「ふゆみずたんぼ」は、冬でも水温が2～3℃高いため、雪が降ってもそこだけ早く融けます。すると、その水面に水鳥が集まり、たくさんの糞を落としていきます。水鳥の糞はリンを多く含み、養分が豊富で肥沃な土をつくり出すため、有機栽培をする上で貴重な肥料となります。農家の人々は、これを「マガンの贈り物」と呼んでいるそうです。

また、「ふゆみずたんぼ」では殺虫剤を使う必要がありません。2月から3月ごろの田んぼに水があると、カエルが産卵してオタマジャクシが生まれます。オタマジャクシが増えると、それを餌にするヤゴ（トンボの幼虫）の数も増えます。こうして夏が来るころの田んぼでは、カエルやトンボ、クモが大活躍し、農薬の代わりに稲の害虫を次々と退治してくれるのです。

「ふゆみずたんぼ」に集まってくるのは、カエルやトンボだけではありません。イトミミズやユスリカ（蚊に似た昆虫）を餌にするメダカ、ドジョウ、ザリガニ。魚や昆虫を餌にする、ツバメやサギなどの夏鳥たち。マガンのねぐらづくりのために始めた「ふゆみずたんぼ」の取り組みによって、**水田生態系の複雑な食物連鎖がよみがえり、昔の農村で当たり前のように見られた、さまざまな生き物たちが戻ってきました。**

生物多様性の重要性が認識され始めた今、「ふゆみずたんぼ」の農法は、環境保全と経済活動を両立させる「賢明な利用」のお手本として、世界中から注目を集めています。

実際、「ふゆみずたんぼ」で収穫された米は、環境に関心の高い消費者から生き物の力で作られた米として評価され、高値で取り引きされています。また、この米を利用した地酒の共同開発などの取り組みも始まっています。蕪栗沼と周辺水田では、マガンの観察会や田んぼの生き物調査などのエコツアーが実施され、仙台や東京などの都市部からも多くの参加者が訪れるようになりました。

森や川とのつながりを修復して、海を再生しよう——富山県富山湾

「天然のいけす」で起きている異変

水田の次には、富山湾で行われている海の再生事例を見てみましょう。富山湾は能登半島の東側に位置する大きな湾です。「天然のいけす」と言われるほど魚の種類が豊富な富山湾では、一年を通じて「キトキト（新鮮で活きがいいという意味の富山弁）の魚」が水揚げされ、沿岸には、魚津《うおづ》、新湊《しんみなと》、氷見《ひみ》など、活気のあふれる漁港がいくつも点在しています。

富山湾は大陸棚が狭く、沿岸から急激に深くなっているのが特徴で、最深部は１２００メートル以上。対馬暖流の流れに沿って、表層には暖流系の魚が入ってくる一方、水深３００メートル以上の深いところには、水温が2℃前後の冷たい日本海固有水（深層水）があり、そこには冷水系の魚が棲んでいます。**暖流系と冷水系の両方の生物が生息できる環境が、富山湾を多種多様な水産資源の宝庫にしている**のです。

総漁獲量の7割はマグロやブリなど暖流系回遊性の魚ですが、アマエビ、ベニズワイガニ、バイ貝など、深海に生息する魚介類も多く水揚げされています。特に、ホタルイ

カとシロエビは、富山湾以外ではほとんど獲れない貴重な水産資源です。毎年春になると、産卵のために200メートル以上の深海から沿岸に押し寄せてくるホタルイカ。水揚げ時、夜の海面に青白い光を一斉に放つ幻想的な光景は、富山湾の春の風物詩となっています。

富山湾では400年以上も前から、定置網を中心とした沿岸漁業が発達してきました。定置網とは、魚が障害物に沿って遊泳する習性を利用した漁法で、漁師たちは、季節や海底の地形などから魚の通る場所を選んで網を設置し、魚が入ってくるのを待ち構えます。一網打尽式の漁法とは異なり、魚を傷つけず、獲りすぎない工夫がされているため、資源管理型の持続可能な漁法として世界的にも評価されています。

しかし、この豊饒の海と言われる富山湾で、これまでには見られなかった現象が起き始めています。ホタルイカ漁は本来、4月から5月が最盛期ですが、最近は接岸時期が早まり、3月から4月で漁が終了する年もあるといいます。また、夏の終わりに発生するはずのミズクラゲが春ごろから異常発生するようになり、漁業被害が深刻化しています。大量のミズクラゲが定置網に入り込むと、網が破れて、魚の商品価値が失われてしまうため、漁業者は大きな被害を受けることになります。このほか、沿岸の流れが突発的に強まる、「急潮」と呼ばれる現象がたびたび発生し、定置網の破損や流出被害が相次いでいます。

そして、沿岸域で最も心配されているのが「磯焼け」の進行です。磯焼けとは、岩礁域で育つコンブやホンダワラなどの大型海藻類（藻場）が減少し、代わりに石灰藻と呼ばれる白く硬い殻のような海藻が海底を覆い、海が砂漠化する現象です。原因は特定されていませんが、海流の変化による水温の上昇、海藻の生育に必要な栄養分の不足、ウニなどの藻食性生物の食害などが挙げられています。

磯焼けは、日本の沿岸全域に広がっていて、富山湾も例外ではありません。海藻や海草が群生する藻場は、魚介類の産卵場所であり、幼稚魚の餌場や隠れ場となるため、藻場の減少は、沿岸漁業に大きな影響を及ぼすのです。また、水質の浄化や海岸浸食の抑制など、藻場には重要な役割がありますから、緊急の磯焼け対策が求められています。

漁業者と林業者の連携

「山はどうなっているのだろう?」。魚津漁業協同組合（魚津漁協）の浜住博之さんは、以前とは明らかに異なる海の様子を見て、山の状態が気になり出したと言います。富山湾のすぐ背後には、3000メートル級の立山連峰がそびえ立ち、そうした山々を源流とするいくつもの河川が富山湾へと注ぎ込んでいます。富山湾では昔から、こうした河川に含まれている豊かな山の栄養分が、良好な餌場をつくり、豊富な魚介類を育んでいると考えられてきました。

今から10年ほど前、浜住さんが富山湾へ注ぐ神通川《じんづう》の上流で目にしたのは、間伐などの手入れがされず、長年にわたって放置された人工林でした。日本の林業は、木材価格の低迷や高齢化、後継者不足といったさまざまな問題を抱え、管理の行き届かない山林が増加しています。

間伐材でつくられた人工魚礁

もともと、漁業者と林業者はあまり良い関係ではありませんでしたが、森林の惨状を目の当たりにした浜住さんは、林業者の立場が理解できるようになったと言います。その後、魚津漁協では、近隣の森林組合の植林活動に参加するなど、林業者との交流を徐々に深めていきました。

こうしたなか、燃油価格の高騰という、漁業者にとっては死活問題ともいえる事態が発生します。2008年7月には、全国の漁船約20万隻が一斉に休漁しました。当時は魚津漁協の漁業者も、「沖に出るよりは休んでいた方がいい」と、漁を休まざるを得なかったと言います。

そこで、魚津漁協では、国の「省エネ推進協業体活動支援事業（輪番制休漁事業）」を活用し、休漁中に漁場の再生に取り組むことができないか、検討を始めました。

そのとき、魚津市農林水産課から、杉の間伐材を利用した人工魚礁を製作するアイデアが提案されます。何より魚津漁協は、長年の植林活動への参加を通じ、近隣の森林組合とも太いパイプでつながっています。話はすぐにまとまり、２００８年8月から早速作業を開始しました。魚礁は、１辺1メートルの立方体で、重さは約1トン。鋼材で枠を組み、上部に間伐材、中央にカキの殻を入れ、底部にコンクリートを流し込んで重石にします。

魚礁の製作は、出漁を取りやめた沿岸漁業者が持ち回りで行いました。山の仕事に不慣れな漁師たちが林業者に教わりながら、１２０本もの間伐材を切り出しました。これを材料につくられた10基の人工魚礁が、船で約１００メートルの沖合に運ばれ、水深２〜6メートルほどの浅瀬に設置されました。作業開始から海中への設置まで、40日程度かかったといいます。

人工魚礁の設置から約1年が経過した２００９年9月、海中の様子を確認すると、間伐材にはフナクイムシなどの生物が付着し、それを食べる小魚が集まっていました。また、貝殻のすき間には、エビ、カニ、ゴカイなども住みついていました。

こうした取り組みは全国的にも珍しく、魚津漁協は、「ストップ温暖化『一村一品』大作戦　全国大会２０１０」に富山県代表として出場し、「審査委員特別賞（森とつながる海づくり賞）」を受賞しています。

「ぼくらは海のレスキュー隊」

　また、最近の研究で、海水中の鉄イオンの減少が磯焼けの原因の一つであることが分かってきました。鉄イオンは、海水中の植物プランクトンや海藻の生育に不可欠な成分です。かつては、森林の腐植土中に含まれる腐植物質（フルボ酸、フミン酸）が、鉄イオンと結び付き、川から海へと豊富に供給されていましたが、森林の荒廃などで海に供給される鉄イオンが減少していると言われています。

　魚津漁協では、鉄イオンが海藻の成長を促すことを実証しようと、鉄粉でつくった団子を海に撒く活動も始めました。これは、使い捨てカイロの鉄粉をクエン酸で溶かし、けい藻土にしみこませて団子状にしたものです。２０１０年5月には、地元の小学生が集めた使用済みカイロから鉄粉を取り出し、子どもたちと一緒に約２００個分の団子を手づくりし、岸壁から海に投入されました。子どもたちは「ぼくらは海のレスキュー隊」と言って、豊かな海が戻ってくることを心待ちにしているといいます。

　***森・川・海はつながり、それぞれが自然の循環の中で大切な役割を果たしている――**こうした当たり前のことを、今の私たちは忘れがちです。大切なのは、私たち人間もまた、自然の循環の一部であると認識すること。**つながりを壊したのが人間なら、それを修復するのも人間**です。富山湾の小さな一歩から、大切な資源を後世へと引き継ぐ新たな知恵を学びたいものです。

森・川・海のつながり
こうした生態系のつながりについては、宮城県・気仙沼湾で牡蠣の養殖を営む畠山重篤さんの活動も有名。「森は海の恋人」をキャッチフレーズに、地元の漁師仲間と植林活動を続けている。NPO法人「森は海の恋人」
http://www.mori-umi.org/

養蜂から広がる街づくり

大都会で生まれたミツバチプロジェクト

自然の恵みは都市部から離れた場所だけにあるのではありません。よく見ると、**東京の真ん中にさえ、生きものたちの営みがある**のです。

高級デパートやブランドショップが立ち並ぶ東京・銀座で採れたハチミツが注目を集めています。銀座のミツバチたちは「銀ぱち」と名づけられ、今や銀座の新しいシンボルとなってきています。

ビルの屋上45メートルの高さにミツバチたちの巣箱が置かれ、そこで養蜂が行われているのです。銀座で採れたものは銀座の技で商品にしようと、採取されたハチミツは銀座の菓子職人さんたちによって美味しいお菓子となって銀座の店頭に並び、蜜蝋もキャンドルとなって銀座教会のクリスマスのミサに使われています。

このユニークな取り組みを行っているのは、「NPO法人＊銀座ミツバチプロジェクト」です。食についてのシンポジウムを開催してきた「銀座食学塾」と、銀座の街の歴史や文化を学んできた「銀座の街研究会」の有志を中心に組織されました。

銀座ミツバチプロジェクト

都会のビルの屋上で採れたハチミツは、銀座各店で人気商品となり話題を呼んでいる。最近では、ミツバチが遊びに行ける「ビーガーデン」を屋上に増やすなどの地域活性化にも貢献中。日本橋ミツバチサロン（東京穀物商品取引所）ではマルシェ（053ページ参照）の開催も。
http://www.gin-pachi.jp/

このプロジェクトは、ミツバチの飼育を通じて、銀座の環境と生態系を感じることを目的としています。緑の少ない都心の銀座ですが、ミツバチと彼らが銀座の街の環境資源から運んでくるハチミツを通じて、サステナブルな社会と環境を考えようというものです。

プロジェクトが動き出したのは2005年の暮れのこと。当初は人の多い銀座でミツバチを飼うと、人が刺されて危険ではないのかという不安の声もありました。しかし、元来ミツバチはおとなしい虫で、人間がよほど驚かさないかぎり刺すことはありません。プロジェクトのメンバーは巣箱が置かれるビルのテナントの方々に丁寧に説明を行い、2006年3月、ビルの屋上に三つの巣箱が置かれ、ミツバチたちが銀座の空に飛び立ちました。

「銀座で養蜂？　こんな都会で蜜が採れるの？」と、この話を聞いた人の多くが耳を疑います。ミツバチが花蜜を採るために飛ぶ距離は3～4キロ四方と言われています。銀座のミツバチがいるビルから2キロ以内に、皇居や日比谷公園、浜離宮などの緑豊かな公園があり、さらに銀座の街路樹なども良い蜜源になっています。ハチミツの採取量は、初年度は160キロ、2年目は290キロ、3年目は440キロと徐々に増えていき、4年目の2009年は700キロを超えました。

ミツバチはとても農薬に弱く、環境指標生物とも言われています。国内の多くの農地では農薬が使われ、ミツバチたちが生息しにくい状態になっているところもありますが、**大都会銀座ではアレルギーの人が増えているので、出来るだけ農薬は使わないようにし**

ているため、結果的にミツバチが安心して活動できる環境になっています。銀座のミツバチが多くの質の良いハチミツを集めてくることで、銀座周辺には豊かな自然環境があることに気づいたのでした。

銀座ミツバチから採取したハチミツ

ところで、２００６年の３月に銀座にやってきたのは西洋ミツバチでした。明治時代に日本に移入された西洋ミツバチは、その蜜を集める能力の高さから日本における養蜂の中心となり、現在も国内の養蜂は多くは、西洋ミツバチを飼育して行われています。

一方、日本には固有の在来種、日本ミツバチがいます。西洋ミツバチと比べて、採取できるハチミツの量も少なく飼育しにくいなど、養蜂を行う上では西洋ミツバチに劣ると思われていました。しかし、西洋ミツバチの天敵であるスズメバチと戦う術を持っていたり、病害に強い、暑さ寒さに強いなど、日本の風土に適した性質を持っていることが最近理解されるようになってきました。

銀座ミツバチプロジェクトでは、2007年から街路樹や住宅地などに巣をつくり、害虫として駆除されていた日本ミツバチを救出し、飼育することで、在来種の日本ミツバチを守る活動もスタートさせました。

銀座にミツバチが来たことで、今まで受粉しなかった銀座周辺の桜が実をつけるようになりました。さらには、その実を鳥が食べる様子も見られるようになったのです。**小さな昆虫が、銀座周辺の環境を動かし始めた**のでした。

銀座でミツバチという意外な組み合わせが話題を呼び、プロジェクトのスタート時からメディアの注目を浴びながら、銀座で採れたハチミツを楽しむ人が増えていきました。さらには銀座のハチミツだけでなく、周辺の自然環境にまで思いをめぐらせるようになってきました。

銀座から地産地消を発信

銀座のミツバチの存在が徐々に知られるようになり、**当初はハチミツが目的だった銀座の人々も次第に近隣の環境に目を向けるように**なりました。蜜源となる緑を増やそうと、屋上緑化メーカーの（株）マサキ・エンヴェックの協力を得て、銀座のデパート「松屋」の屋上に花壇や菜園をつくる「銀座グリーンプロジェクト」が2007年から始まりました。

このプロジェクトの目的は、ミツバチのために蜜源をつくることだけではありません。屋上緑化によるヒートアイランド現象の緩和にも期待しています。また、銀座のミツバチが地元の蜜源からつくったハチミツを採取すること、銀座のビルの屋上で採れた産物を利用して料理やスイーツなどをつくることで、真の意味での地産池消と、今まで出会うことのなかった人々と顔と顔の見える関係づくりも目指しています。

現在、松屋では、社員や取引先などを含めて20名ほどのメンバーが屋上菜園の活動に参加しており、勤務時間外のボランティアで菜園の整備を行っています。松屋広報課の大木さんによると、メンバー以外の社員も野菜の様子が気になっているようで「確実に社内の環境への意識は高まっている」とのこと。また、松屋の屋上は一般にも開放されており、遊びに来た親子連れがとても興味を持ってくれるなど、お客さんからの励ましの声を聞くこともあるそうです。今後は、育てた野菜・ハーブを一般のお客さんが楽しめるよう「銀座から発信する地産地消」の実現を目指し、屋上ハーブを使用したスイーツやパンも販売する予定だそうです。

最近では、多くの人々がグリーンプロジェクトに興味を持ち、学生や農林水産省の職員など、さまざまな人が頻繁に見学に訪れています。グリーンプロジェクトは、松屋デパートのほかにも、結婚式場の銀座ブロッサム、商業施設や画廊などのさまざまな施設に広がっていて、屋上でハーブを栽培して料理に利用したり、酒米の栽培を通した日本酒づくり、果樹栽培でスイーツづくり、栽培した枝豆を銀座のクラブで提供するなど、銀座のさまざまな人々を巻き込みながら、次々と新たな展開を見せているようです。

レンガ造りの街並みやガス燈などの西洋文化を日本国内でいち早く取り入れ、歴史と文化を守りながら、常に時代を牽引してきた銀座の街。再開発の名の下に東京都内各地で高層ビルの建設が進められるなか、2006年、銀座は中央区と協議を重ね、建築物の高さは56メートルを超えないというルールを条例化しました。

銀座ミツバチプロジェクトの田中淳夫副理事長は「私たちが考える銀座の街の未来の姿は、高さを競うのでなく、人間だけでなく、小さな昆虫も共に自然と共生する街の姿なのです。ミツバチと、それを見守る人々のやさしい眼差しがつくる緑豊かな都会の里山が、これからのまちづくりの参考になれば」と、プロジェクトの目指す銀座を語ってくれました。

第4章

地域が国をリードする時代へ

国をリードする東京都のキャップ&トレード制度

メガシティの温暖化対策

エネルギー使用量で見れば北欧諸国の一国分に相当し、総生産額では世界第16位の国家にも相当するという巨大な都市・東京。東京都では、国に先駆けて、低炭素型都市への転換に大きく舵を切り、効果的な制度の設計・運用を進めるなど、着実に成果を挙げつつあります。

東京都は２００７年6月、「東京都気候変動対策方針」を策定しました。２００６年12月には、「10年後の東京」計画を策定していますが、その実現に向けた取り組みの一つとして、「カーボンマイナス東京10年プロジェクト」を推進しています。その基本方針として、今後10年間の都の気候変動対策の基本姿勢を明確に示し、代表的な施策を先行的に提起したのが先の方針で、「本方針は、実効性のある具体的な対策を示せない国に代わって先駆的な施策を提起し、日本の気候変動対策をリードするため策定した」とうたわれています。

ここでの基本的考え方は、「日本の環境技術を、CO_2削減に向け最大限発揮する仕組みをつくる」「大企業、中小企業、家庭のそれぞれが、役割と責任に応じてCO$_2$を削減する仕組みをつくる」「当初の3～4年を『低CO$_2$型社会への転換始動期』と位置づけ、戦略的・集中的に対策を実行」「民間資金、地球温暖化対策推進基金、税制等を活用して、必要な投資は大胆に実行」というものです。

東京都から排出されている温室効果ガスのうち、約半分が業務・産業部門から、そして残り半分が家庭・運輸部門からとなっています。業務・産業部門のうち、40％がいわゆる大規模事業所からの排出です。東京都の取り組みでは、まずここをターゲットにすることにしました。

そして、「企業のCO$_2$削減を強力に推進」をはじめとする五つの方針と主な取り組みが定められました。なかでも、「大規模CO$_2$排出事業所に対する削減義務と排出量取引制度の導入」は大きな議論を呼びました。日本では国としての排出量取引制度の議論や自主的な試行は行われていたものの、本格的な導入からはほど遠い状況にあったためです。

世界的にも先進的なキャップ&トレード制度

この「東京都気候変動対策方針」策定後、約3年が経過しました。どのような成果が挙がりつつあるのでしょうか？

最大の成果の一つは、東京の企業・経済団体などと共同で「キャップ&トレード」などの先駆的な制度を実現したことでしょう。「東京都気候変動対策方針」は、企業、家庭、都市づくりなどの部門で、新たな施策の導入を提起し、策定後3年間で、「大規模事業所への総量削減義務と排出量取引（キャップ&トレード）制度」、中小規模事業所を対象とする「地球温暖化対策報告書制度」、一連の環境都市づくり制度の強化など、「方針」が提起したほとんどの新しい施策が実現されてきています。こうした施策は、いずれも国内で最も先駆的な制度であり、国際的に見ても極めて先進的なものです。

とりわけ２０１０年４月から開始されたキャップ&トレード制度は、２００５年に開始された欧州排出量取引制度（EU—ETS）、２００９年に始まった米国北東部10州の地域排出量取引制度（RGGI）に続き、エネルギー起源CO_2の総量削減を目指す、世界で3番目のキャップ&トレード制度であり、業務部門を対象とする制度としては世界初のものです。

こうした制度は、東京都だけの力ではなく、都内の企業・経済団体、各分野の専門家・研究機関、ＮＧＯなど、多くの人々の努力によって可能になりました。「方針」の公表後、翌年1月まで開催された「ステークホルダーミーティング」をはじめ、都はさまざまな機会に都内の企業・経済団体などと導入すべき施策の内容について議論を重ね、制度設計を進めました。削減義務率の決定、さまざまな指針・ガイドライン類の作成などにあたり、多くの事業所の協力を得て試行実施を行いながら、省エネルギー、法律、金融、会計、建築、設計など、**各分野の専門家・シンクタンク、ＮＧＯの知見を得て、詳細な制度構築を進めた**のです。

排出量取引に対しては、日本では特に産業界からの反対が強いのですが、その大きな理由の一つが「マネーゲーム化してしまう」というものです。ＥＵでは削減結果を1年ごとに評価する仕組みのため、売買に頼る傾向が強くなり、マネーゲーム化のリスクを高めるのではないかという批判の声もあります。都の仕組みでは、５年あれば、計画的に削減に取り組めるため、排出量の売買にあまり頼らずに義務を果たすことができるだろうと考え、削減義務の履行期間を1年ではなく5年ごととしているのも特徴です。

再生可能エネルギーの地域間連携を

この制度が実施されてから、都内の企業やビルの取り組みが格段に進み始めた印象があります。削減義務の対象となる事業所では、設備の見直しや更新、*ＬＥＤ照明の導入や従業員によるこまめな取り組みなどに力を入れるようになってきました。

特に、なかなか削減が進まなかったビルについて、一定規模以上のテナント事業者には、削減に協力する義務も設けているため、ビルオーナーから「ようやくテナントに取り組みを促せるようになった」という声も聞かれます。

具体的な取り組みとしてユニークなのは、東京の顔とも言える大丸有《だいまるゆう》地区（１４０ページ参照）にある三菱地所の取り組みです。オフィスと商業施設が多数入居している「新丸の内ビルディング」で使う電力をすべて、*「生グリーン電力」でまかなうことにしたのです。ＣＯ$_2$排出量にすると、年間約2万トンとなる量です。

一般的には、*「グリーンエネルギー証書」を購入することでグリーン電力を使ったとみなす方法が多いのですが、証書は購入しやすいため価格が急騰し、必要なときに調達

LED照明

ＬＥＤはＬｉｇｈｔ Emitting Diode（発光ダイオード）の略で、電気を流すと発光する半導体の一種。長寿命、低消費電力などの特徴を備え、ろうそく、電球、蛍光体に続く、「第４世代のあかり」として期待されている。

生グリーン電力／グリーンエネルギー証書

再生可能エネルギーで発電されたグリーン電力は、電気そのものの価値に加え、ＣＯ$_2$排出が少ないなどの「環境付加価値」があると考えられている。その「環境付加価値」を証書の形に置き換えた「グリーン電力証書」を購入することで、グリーン電力を使用していると見なされる。この場合、グリーン電力そのものを利用しているわけではない。これに対して、発電所から需用者に直接送られるグリーン電力が「生グリーン電力」と呼ばれる。

できない可能性もあると考えられます。そこで、東京都と青森県が結んだ「再生可能エネルギーの地域間連携協定」をベースに、青森県内の風力発電所などで発電した電力を、電力会社が保有する送配電網を使って、新丸ビルに供給するという画期的な仕組みをつくりました。

「東京都には以前から、国に先駆けて大切なことをするという歴史や自負心があります。かつて公害の時代、大気汚染に対する規制を最初に定めたのは東京都でした。そして、この『国に先駆けてやる』という都の気質は、都だけでなく、都内の事業所や企業も共有しています。『いつかやるのだったら東京が先にやって世界に示そう』という気概あふれる事業所や企業が、東京都にはたくさんあるのです」と、東京都環境局の大野輝之理事は言います。

国の腰が重いなら、フットワークの軽い自治体や地域が率先して動き出し、国をリードしていく必要があるのです。東京都のキャップ&トレード制度は、国としての排出量取引制度を強力にプッシュしていくことでしょう。

「環境モデル都市」を広げよう

政府が後押しするモデル都市とは

環境問題に積極的なのは、東京都のようなメガシティばかりではありません。市や町のレベルでも、実に意欲的な取り組みが広がっています。

２００８年2月、低炭素社会に向けたさまざまな課題について議論を行うため、内閣総理大臣が有識者の参集を求め、「地球温暖化問題に関する懇談会」を開催することが決まりました。これには、学術界・シンクタンク・産業界の代表など13名の委員が選定され、総理とともに議論を行ってきました。

また、懇談会委員の数名と外部の有識者からなる分科会が三つ置かれており、その一つが「環境モデル都市・低炭素社会づくり」という分科会です。私は懇談会委員とともに、この分科会委員も務め議論に参加しました。民主党政権に変わった後、懇談会や分科会のいくつかは廃止されましたが、この分科会の活動は引き継がれ今も続いています。

分科会の目的は、CO_2排出の大幅な削減を図るため、一定の地域を定めて、これまでの知見の集積を社会経済システムに組み込むことによって、**都市・地域がそれぞれの**

環境モデル都市の選定基準

(1)**大幅な温室効果ガス削減目標**
・ 2050年に半減を超える長期的な目標を目指すものであること
・ 早期に都市・地域内の排出量ピークアウトを目指すものであること
・ 2020年までに30%以上のエネルギー効率の改善を目指すものであることが推奨された

(2)**先導性・モデル性**
・ 統合アプローチにおいて、他に類例がない新しい取り組みであること
・ 国内及び海外の他の都市・地域の模範・参考となる取り組みであること

(3)**地域適応性**
・ 都市・地域の固有の条件、特色を的確に把握し、その特色を活かした独自のアイディアが盛り込まれた取り組みであること

(4)**実現可能性**
・ 削減目標達成との関係で取り組みに合理性があること
・ 地域住民、地元企業、大学、NPO等の幅広い関係者の参加が見込まれること

(5)**持続性**
・ 新たなまちづくりの概念の提示等により、都市・地域の長期的な活力の創出が期待できること
・ 将来のまちづくりを担う世代への環境教育を実施していること

特性を活かした統合的な取り組みを進めることです。そのため2008年4月には、国内から先導的・モデル的な都市をいくつか選定し、政府が財政面などで支援し、環境対策の推進を促すことが決まりました。

このときは全国の82もの自治体から応募があり、環境モデル都市への関心が伝わってきました。五つの選定基準をもとに、地域のバランスを考慮し、大都市・地方中心都市・小規模市町村からまんべんなく選ぶという方針のもと、横浜市、北九州市、富山市、北海道帯広市、同下川町、熊本県水俣市の6市町が選ば

れました。いずれも**2050年までにCO_2を現状から50％以上削減するなど、意欲的な目標を掲げている**市町です。また、その後2009年には、京都市、堺市、飯田市、豊田市、檮原町《ゆすはら》（高知県）、宮古島市、東京都千代田区も加わり、現在13の市区町が選定されています。

13の環境モデル都市は、それぞれが掲げる大幅な削減目標達成に向けた具体的な行動計画「アクションプラン」を策定しています。2009年4月に公表された各プランに基づいて、どういった取り組みがなされてきたのか、2010年の5月には各自治体から進捗状況の発表がありました。

各モデル都市からの発表は、「ベストプラクティス」（優良事例）といわれるもので、それぞれの地域で試行錯誤して企画・実施した中でも、特に全国展開できる可能性があり、あまりコストがかからず効果があるものをピックアップしてまとめたものです。

13の環境モデル都市は、こうしたベストプラクティスをつくり出す「切り込み隊長」のような役割を期待されて選定されました。日本中の自治体が、ここでの試行錯誤や学びを、自分たち流に採り入れることができます。自治体関係者はもちろん、街づくりに関心のある方なら、きっとよいヒントが得られると思います。いくつか紹介しましょう。

◎堺モデル「金融機関と連携した新規環境ビジネスの創出」

市内22金融機関が、「SAKAIエコ・ファイナンスサポーターズ倶楽部」を設立し（平成22年2月）、環境関連金融商品の提供や市内80店舗で省エネ取り組みを行うほか、環境イベント等啓発活動を実施。

金融機関による組織の設立と市との協力協定の締結、環境関連金融商品の提供とともに、「SAKAI環境ビジネスフェア」の開催など、環境関連のビジネスマッチング等により、新規環境ビジネスの創出を図っている。

◎飯田モデル『おひさま0円システム』による住宅用太陽光発電普及プロジェクト」

飯田市、地元金融機関、企業と連携し、全国初の初期投資ゼロで住宅用太陽光発電を設置するシステムを構築。平成21年度から実施。

設置した市民が売電量を増やす目的を持って家庭で省エネ行動を実施することにより、民生・家庭分野における温室効果ガスを削減。

◎京都モデル「新ダイヤ編成による公共交通機関の利便性向上」

公共交通優先の「歩くまち・京都」に向け、公共交通の利便性を高める取り組みとして、京都市営地下鉄・市バスにおいて「河原町通等間隔走行」「シンデレラクロス」などを盛り込む新ダイヤを平成22年3月に実施した。

ダイヤ改正の機会を捉えた投資の少ない、工夫による公共交通利便性向上を図っている。

◎富山モデル「住宅建設・取得への助成など公共交通沿線への住み替え促進」

公共交通軸の沿線において、住宅建設・取得への助成、公共交通サービスの充実等により、居住を誘導（沿線エリア居住割合：現在約３割→20年後約４割）。

まちなかや公共交通沿線への住み替え促進など、＊コンパクトシティ化に向けて徹底した取り組みを推進している。

◎下川モデル「環境先進企業等と連携した森林づくりプロジェクト」

カーボンオフセット制度による都市の環境先進企業等と山村地域連携による森林づくりプロジェクトを実践。Ｊ－ＶＥＲ制度により森林吸収クレジット５６８８トン（CO_2換算）を発行。

外部資金を活用した森林経営を行い、地域産業の発展と雇用の創出、さらに都市企業との交流人口拡大等による地域活性化と温暖化対策に貢献している。

◎横浜モデル「都市・農山村連携事業（横浜市・山梨県道志村）」

農山村地域の森林資源を活用し、山梨県道志村・横浜市の３者が共同研究したカーボンオフセット事業及び交流拡大事業等を展開。

農山村地域が持つ森林資源と都市部が持つ人的資源、技術をうまく組み合わせ、県境を越えた事業展開や交流人口拡大による地域活性化と温暖化対策に貢献。

（内閣官房地域活性化統合事務局資料より）

コンパクトシティ
さまざまな機能を中心部の比較的小さなエリアに集約し、市街地をコンパクトな規模に収めた都市形態、またはそうした都市計画を指す。都市の機能を徒歩や自転車で移動できる範囲に収め、建物の中高層化により都市を高密化するなどの特徴がある。

地域のルールに守られてきた古都の景観――神奈川県鎌倉市

御谷騒動から生まれた「古都保存法」

自然環境と共に、文化的・歴史的な資本を街づくりに生かしている例が神奈川県鎌倉市にあります。東京駅から電車でわずか1時間足らずの場所でありながら、鎌倉は貴重な歴史遺産と豊かな自然環境に恵まれ、四季折々の風情を楽しむことができる、人気の観光地です。また、古都ならではの風格ある街並みや、美しい海辺の景色に憧れて居住する人も多く、「住みたい町ランキング」などでは常に上位にランクインしています。

鬱蒼とした森にひっそりと佇む古寺。江の島と相模《さがみ》湾を見渡せる高台からの眺望。由比ヶ浜海岸から鶴岡八幡宮まで一直線に伸びる若宮大路の景色。いつ訪れても、鎌倉の風景はほとんど変わることがなく、私たちの心を和ませてくれます。しかし、こうした鎌倉らしい景観は、「あたりまえ」に存在しているわけではありません。**鎌倉は、幾度となく開発の波にさらされ、そのたびに景観破壊の危機を乗り越えてきた歴史がある**のです。

鎌倉は今からおよそ８００年前、源頼朝が幕府を開いた地で、その後１５０年余り、政治・経済・文化の中心地として繁栄しました。三方を山、一方を海に面した独特の地形は、天然の要害として重要な役割を担っていたといいます。鎌倉幕府の衰退後は、静かな農漁村となっていましたが、明治時代に横須賀線が開通すると、海水浴場や別荘地として賑わうようになりました。

昭和30〜40年代になると、高度経済成長を背景に、神奈川県内は首都圏のベッドタウンとして、急激な都市化が進みます。鎌倉も例外ではなく、宅地開発のために次々と山林が切り崩されるようになりました。そうしたなか、東京オリンピックの開催で日本中が湧いていた1964年、古都鎌倉の聖域ともいえる、鶴岡八幡宮の裏山「御谷《おやつ》の森」に、宅地造成計画が持ち上がったのです。

これを知った地元住民は、「鶴岡八幡宮が創り出す歴史的な景観が損なわれる」と、開発反対運動を起こしました。この運動は「御谷騒動」と呼ばれ、鎌倉に住む文化人らも参加し、全国的な自然保護運動へと拡大していきます。作家の大佛《おさらぎ》次郎氏は、日本初のナショナル・トラストである「鎌倉風致保存会」の設立に大きく貢献しました。「鎌倉風致保存会」は、全国から集められた募金と鎌倉市の援助金で、御谷の山林1・5ヘクタールを買い取り、宅地造成計画を中止に追い込みます。この運動がきっかけとなり、1966年に*「古都保存法」が成立しました。

古都保存法が制定されたおかげで、鎌倉市の面積3950ヘクタールのうち、695ヘクタールが「歴史的風土保存区域」に、そのうち226・5ヘクタールが「歴史的風土特別保存地区」に指定されました（現在は拡大され、歴史的風土保存区域は982・2ヘクタール、歴

古都保存法
正式には「古都における歴史的風土の保存に関する特別措置法」という。鎌倉市以外に同法で指定されている「古都」は、以下の9カ所。神奈川県逗子市、奈良県奈良市、同生駒郡斑鳩町、同高市郡明日香村、同橿原市、同桜井市、同天理市、京都府京都市、滋賀県大津市。

史的風土特別保存地区は573・6ヘクタール)。この法律は、1938年に指定されていた＊「風致地区制度」とともに、鎌倉の景観形成に寄与することになります。

都市計画と開発許可制度

しかし、古都保存法や風致地区制度があるからといって、鎌倉の風景が変わらないわけではありません。ここで、都市計画制度について整理してみましょう。高度経済成長期、大都市周辺における無秩序な市街化が社会問題となり、1968年に制定された「都市計画法」により、開発許可制度が導入されました。

これは、無秩序な市街化を防止するとともに、都市施設を計画的に整備することで、良好な宅地水準を確保しようとする制度です。これによって、都市として総合的に開発する必要がある「都市計画区域」が定められ、計画的に市街化を促進する「市街化区域」と、原則として市街化を抑制する「市街化調整区域」とに区分されました。市街化区域では、一定規模以上の開発行為を行う場合、公共施設の設置が義務づけられ、市街化調整区域では、原則として開発が認められません。

市街化区域はさらに、住宅地・商業地・工業地などの用途地域に区分され、各用途地域に応じて、建築物の用途や規模が制限されます。鎌倉市では、1970年に市街化区域と市街化調整区域の指定が行われましたが、当時は開発圧力がまだまだ強く、市街地が拡大することを前提に、多くの緑地が市街化区域に指定されました。したがって、たとえ緑地であっても、市街化区域では、道路や下水道などの整備を条件に、大規模開発

風致地区制度
風致地区とは、都市の風致（樹林地、水辺地などで構成された良好な自然的景観）を維持するため、都市計画法により定められる地区。
地区内では、建築物などの新築・増改築や移転、宅地造成や土地の開墾など、一定の行為を行う場合はあらかじめ許可が必要となる。10ヘクタール以上は都道府県・政令市が、10ヘクタール未満は市町村が指定する。

が認められました。

なお、古都保存法の歴史的風土特別保存地区での開発行為は、原則として不許可となりますが、許可制ではなく届出制であり、特別保存地区ほど厳しく制限されません。鎌倉市の場合、歴史的風土保存区域は、都市計画法の風致地区と重複しているため、市街化区域内の土地であれば、建築物の高さや建ぺい率などが、風致地区の許可基準に適合していれば、開発許可が受けられることになります。

鎌倉市のメインストリート、若宮大路

用途地域の制限については、都市計画法と建築基準法に基づく全国一律のルールが、風致地区については、神奈川県風致地区条例に基づくルールがありますが、それぞれの基準を満たした建築行為であれば、許可を受けることができます。言い換えると、建築行為は最低限の基準を満たしていれば、原則自由であると考えられているのです。

しかし鎌倉市では、高層建築物など、鎌倉の景観を損なうおそれのある開発行為に対し、高さを抑えるよう、長年にわたり行政指導を行ってきました。

鎌倉独自のルールを景観法が後押し

鶴岡八幡宮の表参道である鎌倉のメインストリート、若宮大路を歩くと、沿道に高層建築物がなく、空がとても広く感じられます。これは、鎌倉市による行政指導の成果です。本来この地域は、高さ制限がなく、30メートル以上の建物の建設も可能でしたが、行政指導で15メートル（5階建程度）以下に抑えられてきました。また、風致地区での高さ制限も、本来は15メートル以下とされていましたが、行政指導で8メートル（2階建程度）以下に抑えられてきました。

しかし、行政指導は、あくまでも市からの「お願い」であり、事業者の側から見れば、法律の根拠もなく、財産権の侵害を受けていることになります。このため鎌倉市は、1995年に「鎌倉市都市景観条例」を制定し、市独自の景観づくりに着手すると同時に、「鎌倉市まちづくり条例」（1995年）や「鎌倉市開発事業などにおける手続及び基準などに関する条例」（2002年）を制定し、条例に基づく制度を整えていきました。

こうしたなか、2004年に*「景観法」が成立し、景観問題への対応に苦慮していた地方自治体に追い風が吹いてきます。**景観法の制定で、地方自治体は、地域の特性に応じた景観ルールを景観計画に定め、建築行為の規制・誘導が図れるようになりました。**さらに、これを条例で定めることで、開発許可の基準としても用いることができるようになりました。鎌倉独自のルールが、法律に基づくルールとなったのです。

景観法
都市や農山漁村などの良好な景観の形成を促進するため、総合的な施策を講ずることで、国民生活の向上や、国民経済・地域社会の健全な発展に寄与することを目的とした法律（第1条より）。
都市景観に対する一般の関心を高めるために創設された賞には都市景観大賞「美しいまちなみ賞」がある。（財）都市づくりパブリックデザインセンターのウェブサイトから、過去の受賞地区を見ることができ、まちづくりの参考になる。

景観法の施行に伴い、鎌倉市は2005年5月に景観行政団体となり、鎌倉市全域を景観計画区域に指定しました。鎌倉は、歴史的遺産の周辺地域、丘陵地に広がる住宅地域、海沿いの商業地域など、それぞれの地域が特徴的な景観を持っています。このため、景観計画は土地利用に合わせて市域を21の類型に区分し、地域ごとに景観形成の方針と基準を定めました。例えば、由緒ある昔からの住宅地では、「背景の山並みと調和した景観を維持すること」「塀や垣根に植栽を行うこと」など、詳細な方針が定められています。

また、若宮大路を中心とした市街地を、さらに積極的に景観形成を図る地区として指定し、15メートルの高さ制限のほか、建築物のデザインや色についても基準を定めています。この基準に則ったスターバックスコーヒー鎌倉御成町店は、和風にデザインされた落ち着いた色調の店舗で、鎌倉の景観にとてもよく調和しています。

高度経済成長期以降に進められてきた開発優先の政策は、個性豊かだった各地の景観をすっかり変えてしまいました。人々が好き勝手にビルやマンションを建てた結果、日本中が雑然として、個性のない街並みとなってしまいました。そんな時代の中でも、鎌倉らしい景観にこだわり、地域のルールを守り続けてきた市民と行政の努力は、相当なものであったにちがいありません。

鎌倉市では現在、「武家の古都・鎌倉」として世界遺産への登録を目指した準備が進められています。鎌倉の町に脈々と受け継がれてきた武家の精神。それこそが、毅然とした鎌倉の街並みをつくり出しているのかもしれません。

自立の道を選んだ小さな町が目指すもの――福島県矢祭町

世間を驚かせた「合併しない宣言」

もっと小さな町でも、地域らしさを生かしたステキな取り組みが進められています。東北地方の玄関口、福島県の最南端に位置する、人口わずか7000人足らずの小さな町、福島県東白川郡矢祭町の取り組みです。

東京都・上野駅からJR常磐線の特急「スーパーひたち」で北東に向かい約1時間。茨城県・水戸駅でJR水郡《すいぐん》線に乗り換え、川沿いにゆっくりと北上すること約1時間半。矢祭町役場のある東館《ひがしだて》駅に降り立つと、そこには緑豊かな昔懐かしい田園風景が一面に広がっています。

町の面積はおよそ118平方キロメー

市町村合併をしない矢祭町宣言

1．矢祭町は今日まで「合併」を前提とした町づくりはしてきておらず、独立独歩「自立できる町づくり」を推進する。
2．矢祭町は規模の拡大は望まず、大領土主義は決して町民の幸福にはつながらず、現状をもって維持し、きめ細やかな行政を推進する。
3．矢祭町は地理的にも辺境にあり、合併のもたらすマイナス点である地域間格差をもろに受け、過疎化が更に進むことは間違いなく、そのような事態は避けねばならない。
4．矢祭町における「昭和の大合併」騒動は、血の雨が降り、お互いが離反し、40年過ぎた今日でも、その痼りは解決しておらず、二度とその轍を踏んではならない。
5．矢祭町は地域ではぐくんできた独自の歴史・文化・伝統を守り、21世紀に残れる町づくりを推進する。
6．矢祭町は常に爪に火をともす思いで行財政の効率化に努力してきたが、更に自主財源の確保は勿論のこと、地方交付税についても、憲法で保障された地方自治の発展のための財源保障制度であり、その堅持に努める。

（矢祭町ウェブサイトより）

トル。町の中央を久慈川の清流がゆったりと流れ、それを挟むように、東に阿武隈《あぶくま》山系、西に八溝《やみぞ》山系の山々が連なっています。町全体の7割を山林が占め、シクラメンなどの花卉や、イチゴ、柚子、椎茸といった農産物の栽培が盛んです。また、夏の久慈川は鮎釣りのメッカとして知られています。

この小さな町が、全国から注目されるきっかけとなったのは、2001年10月31日に町議会が全会一致で採択した、「市町村合併をしない矢祭町宣言」でした。政府は当時、全国に3200ほどあった市町村を3分の1の、10

00程度に再編するため、「市町村合併の特例に関する法律」を改正し、2005年3月までに合併を終える市町村を対象に、財政上の優遇措置を講じると同時に、小規模自治体にとっては大きな財源となっている地方交付税を削減する方針を打ち出していました。そのため、財政力の乏しい小規模自治体が、こぞって「平成の大合併」を推し進めたのです。

そうした中で出された矢祭町の「合併しない宣言」は、日本中に大きな反響を巻き起こしました。**この宣言は、厳しい財政負担を強いられても、小さな自治体が合併に頼らず自立の道を選択することを意味した**からです。

この宣言が新聞やテレビで大きく報道されると、矢祭町への行政視察が相次ぎました。全国各地から、「合併せずにどうやって生き残るのか」といった質問が寄せられました。役場の職員は、視察に訪れた人々と対話することで、「宣言」の意味や、職員としての責任の重さを自覚するようになったといいます。こうして全国から注目を集めるなかで、矢祭町の自立に向けた知恵と行動力が試されることとなりました。

元気な子どもの声がきこえる町づくり

2003年8月、矢祭町役場では、大規模な機構改革と人事異動が実施され、行財政改革がスタートしました。役場の業務を見直し、大胆な組織改革を行うことで、多くの人件費を削減しました。同時に、住民サービスの質を落とさないために、窓口業務にフレックスタイム制度を導入し、山間地の住民や一人暮らしのお年寄りのために、出張役場制度も開始しました。

２００６年には、自立を目指す町の基本姿勢を示すため、町の憲法として「矢祭町基本条例」を制定しました。この条例は前文で、「合併しない宣言」は「矢祭町民の郷土を愛し守ろうとする強い意思の顕示である」と明記しています。条例の制定とともに、２００６年度からは、「元気な子どもの声がきこえる町づくり」をスローガンに掲げた「矢祭町第三次総合計画（5カ年）」がスタートしました。

小さくても自立したまちづくりを進める上で、一番の課題は人口を増やすことです。つまり、矢祭町にとって**最も大切なのは、地域の未来を担う子どもたちが、愛着と誇りを持って住み続けられる町をつくること**です。したがって、行財政改革による成果は、次世代につながる子どもたちに還元していこうと、子育て支援を町の中心施策に位置づけました。

まず取り組んだのが「幼保一元化」です。幼稚園と保育所の保育時間を同じにし、「0～3歳は保育所、4～5歳は幼稚園」と年齢で区分することで、子育てをする親が安心して働ける環境づくりを進めています。幼稚園の延長保育は無料で、保育料と授業料は、ほかの町村より安く抑えられています。

このほか、「赤ちゃん誕生祝い金」として、第1子と第2子の出生に10万円、第３子に50万円、第4子に１００万円、第5子に１５０万円を支給するなど、さまざまな子育て支援を行っています。

全国の善意が実現した「もったいない図書館」

こうした取り組みを広げていくなかで、どうしても実現できずにいたのが、図書館の建設でした。子どもの成長に読書は欠かせないものですが、町には本屋が一軒もなく、本を買うには隣町まで行かなければなりません。大きな図書館をつくれるほどの財政的余裕がない町は、お金をかけずに図書館をつくる方法を模索していました。すると、事情を知った新聞社が、全国版の記事で矢祭町のことを紹介し、「家庭で眠っている本を寄贈しませんか」と呼びかけてくれたのです。

２００６年7月18日付の全国紙に記事が掲載されると、役場には1日に４００件近くの問い合わせが寄せられ、本がぎっしりと詰められたダンボールが1日に80〜90箱も届くようになりました。当時、「図書館開設委員」として43名のボランティアが図書の整理に当たっていましたが、連日のように届く善意の図書に感激すると同時に、あまりの多さに整理が追いつかず、途方に暮れていたといいます。

届いた本は、実に43万５０００冊。来る日も来る日も整理に追われ、委員のなかには体調を崩す人も出てきました。やがて、そんな苦労を知った町の人々が次々と手伝いを申し出るようになり、最終的には１９１人ものボランティアが図書の整理に協力しました。新聞掲載から半年後の２００７年1月14日、**全国から寄せられた善意の図書が、町民の手で整理され、ついに矢祭町の悲願だった図書館が開館**しました。

その名も「矢祭もったいない図書館」。武道館を改装したという施設の中には、6万冊の本が見事に分類されて並んでいます。内装には県産の間伐材がふんだんに使われ、木のぬくもりを感じる快適な空間となりました。

館長の金澤昭さんは、図書の整理に当たったボランティアの一人です。図書館の窓ガラスに刻まれた寄贈者の名前をうれしそうに眺めながら、全国の人々への感謝の気持ちと、町に図書館ができたことの喜びを語ってくれました。現在、図書の受け入れは停止していますが、全国から届いた善意の図書は、1冊も捨てずに保管し、山間部にある公民館などで貸し出しているのだそうです。

公共料金の支払いも商店会スタンプ券で

矢祭町にはもう一つユニークな取り組みがあります。2006年8月から、介護保険料や保育料、水道料などの**公共料金の支払いと納税の際に、町の商店会で発行しているスタンプ券と商品券が利用できる**ようになったのです。スタンプ券は、100円の買い物ごとに1枚もらえ、台紙に280枚貼ると500円分になります。

スタンプ券などによる納税は、法律上認められていないため、町民がスタンプ券や商品券で支払いをすると、職員が商工会でその分の小切手を振り出してもらい、それを金融機関で現金化して、納入する仕組みとなっています。現在では、80歳以上の人に贈る敬老祝い金や消防団への報酬、役場職員の賞与の一部を商品券で支給しており、町をあげて商店会の活性化に取り組んでいます。

この仕組みは、近ごろ広がりを見せている「地域通貨」としての性質を持っているように思われます（152ページ参照）。矢祭町の取り組みは、今のところ商店会の活性化が主な目的ですが、このスタンプ券や商品券が、町の農産物、あるいは町民のボランティア活動などと交換できるようになれば、地域全体に活力をもたらす可能性があります。「合併せずにどうやって生き残るのか」。9年前、矢祭町の「合併しない宣言」に、多くの人が疑問を投げかけました。しかし、今や矢祭町は、小さな町だからこそできる、町民の幸せを追求する町づくりを確実に実践しています。まさに*「スモール・イズ・ビューティフル」。大きいことが幸せとは限らないのです。**どんなに小さくても、そこで暮らす一人ひとりが知恵を出し、共に助け合いながら前進することで、真の豊かさを築ける**という希望を感じます。

スモール・イズ・ビューティフル
経済学者であり哲学者でもあったE・F・シューマッハは、1973年に刊行された『スモール イズ ビューティフル』で、物質至上主義、科学技術万能主義を痛烈に批判し、人間の身の丈に合った「精神性」のある経済政策を提唱して反響を呼んだ。

次世代型「路面電車」への期待――富山県富山市

自動車依存型からの脱却

環境に配慮した街づくりには環境負荷の少ないインフラ整備が不可欠です。都市のインフラと言えば、その一つが交通システム。運輸部門から排出されるCO_2の量は2億3500万トン（2008年度）で、日本全体からのCO_2排出総量の約2割を占めており、その約半分は自家用乗用車から排出されています。過度に自動車に依存しない、**公共交通を充実させることが、持続可能な街づくりの第一歩**です。そこで今、路面電車が見直されているのです。

路面電車の歴史は古く、世界初の路面電車が走ったのは1881年のことでした。以来、簡単に設置できて安全に走行できると、路面電車は世界各地の都市で走り始めたのでした。日本では、明治28（1895）年に京都で初の路面電車が走り始めます。その後、各地で導入が進み、最盛期には65都市で82事業者が営業し、路線延長は1479キロに及びました。全国で毎年約26億人を輸送するほど、都市の公共交通を担っていたのです。

しかしその後、自動車の登場によって世界各地で路面電車は衰退し始めます。路面電車よりも安価で融通の利くバスや地下鉄が登場した上、道路渋滞によって、路面電車の運行が阻害され、運行効率が低下してしまったのです。こうして、ほとんどの都市から路面電車が姿を消してしまいました。

一方、自動車の増大は、世界の都市にさまざまな問題をもたらしました。道路渋滞による都市機能の低下、貧しい人々や高齢者などが移動しにくいこと、大気汚染などの環境問題、交通事故の増大、スプロール現象による中心市街地の空洞化などです。

このような自動車依存型の都市づくりから生まれる問題に対し、再評価されたのが路面電車です。新しい都市交通システムとしての「ライトレール・トランジット（Light Rail Transit：ＬＲＴ）」が、１９７８年にカナダのエドモントンに登場しました。以後、ＬＲＴは総合的な都市交通システムとして各地に広がり、２００８年末時点では１１１都市で走っています（IATSS Review（Vol.34-No.2）、「わが国へのＬＲＴ導入の課題と展望」（財）国際交通安全学会発行より）。

路面電車をずっとカッコよく、ずっと効率的に、ずっと使いやすくしたイメージのＬＲＴは、欧米のさまざまな都市で道路交通渋滞を緩和し、環境問題を解消するために導入が進められている新しい交通システムなのです。

コンパクトシティとの相性も抜群

ＬＲＴは、路面電車のように自動車道と併用する軌道を走るものも多いですが、路面だけではなく地下も高架も走行できます。バスより多くの人々を運ぶことができ、地下鉄に比べて建設・導入コストが安いことが特徴です。多くの場合、超低床車両が使われ、乗降の際に路面との段差が少ないため、お年寄りや車椅子の人々にもやさしい交通システムです。

世界のほかの都市と同じく日本でも、昭和40年代の急速なモータリゼーションの進展やバス・地下鉄への転換に伴って路面電車の廃止が続き、２０１０年3月末現在、日本全国で営業しているのは17都市19事業者で、路線延長は約２０６キロと最盛期の7分の1以下に落ち込んでいます。

そうした中、２００６年4月29日、富山市で全国初の本格的なＬＲＴが運行を開始しました。「ポートラム」という愛称で親しまれるＬＲＴは、旧ＪＲ時代の富山港線を再生した路面電車。先進的でありながら、ほっとするような温かいデザインです。高齢化や環境問題の深刻化に対して、従来の自動車を中心とした拡散型の都市から、公共交通を中心とした「コンパクトシティ」（０９７ページ参照）を目指して、都市政策の具体的な一歩として導入されました。

全長７・６キロの路線に13の駅があります。以前の富山港線は、昼間は1時間に1本ほどしか走っておらず、あまり便利ではなかったのですが、今では平日朝のラッシュ時は10分間隔、昼間から夜20時台までは15分間隔、深夜は30分間隔と、利便性が格段にアップしました。運賃は一律で大人が２００円、子ども（小学生）が１００円です。定期券およびプリペイド券（回数券）には、「ｐａｓｓｃａ（パスカ）」という愛称のＩＣカードを利用しています。

路面電車は自動車に依存しない街づくりに重要といわれつつも、国内では利用者の減少に苦しんでいるところも少なくありません。ポートラムは、ＪＲ時代の実績から、１日当たりの利用者の目標を３４００人としていましたが、達成は難しいのではないかと心配する声もありました。

富山市内を走行中のポートラム

しかし、ふたを開けてみれば、初年度は１日当たり４９０１人の利用と、当初の目標を上回った大変好調な滑り出しとなりました。２００６年の開業以来、４年連続で黒字になるという素晴らしい実績です。

その成功要因について同社経営企画部では、こう説明しています。ＬＲＴ化に際して高頻度な運行や終電時間の延長、車両・電停などのバリアフリー化、新駅設置による駅勢圏の拡大、ＩＣカード乗車券の導入による新たな客層の開拓など、大幅な利便性の向上を図ったこと。また、整備の財源となる基金に市民から寄付を募り、168基のベンチの寄付や、各電停の個性を表現する「個性化壁」への協賛、新電停の命名権など、沿線住民はもとより地元企業によるさまざまな支援を受け、「マイレール意識」の向上が図られたこと。さらに路線全体をトータルにデザインし、乗車すること自体が楽しくなるような取り組みにしたことです。

日本でのＬＲＴの導入事例は、いまのところこの富山の例しかありません。欧米を中心として、世界でＬＲＴの復活・導入が進んでいるのですが、日本では、関係者間の合意形成、コスト負担（初期投資＋維持管理）、導入空間の制約などの問題から、なかなか新規路線の整備が進んでいないのが現状です。

このような状況を打開するため、国土交通省でも地域の合意形成に基づくＬＲＴ整備計画に対して、関係部局が連携して、ＬＲＴ総合整備事業による補助の同時採択と総合的支援を行うなど、後押しをしようとしています。環境対策として、また地域づくりや地域の活性化の手段として、ＬＲＴ導入に向けた検討や準備を進めている地域もあります。

富山のＬＲＴを一つのモデルとして、人にも地域にも優しく、そして地球温暖化の切り札としても貢献するＬＲＴが、全国に展開していくことを期待しています。

「バストリガー方式」による公共交通優先のまちづくり——石川県金沢市

マイカーブームに分断された人々の暮らし

公共交通のバスを有効活用するため、世界で初めて「バストリガー方式」に取り組んできたのは金沢市です。バストリガー方式とは、バス事業者がバス料金の低減や路線の新設・延長・増便などを実施する場合に、事前に設定した採算ラインを満たさなければ元に戻すことを約束する協定（バストリガー）を、バス事業者と地域住民などとの間で締結する仕組みです。

それまでも金沢市では、観光シーズン限定のパーク・アンド・バスライドシステムを１９８９年に導入、１９９６年からは通勤時のパーク・アンド・ライドシステムを実施するなど、公共交通を活性化する先進的な取り組みを進めてきました。その延長線上として、このバストリガー方式があるのです。

高度経済成長期の１９６０年代、全国的にモータリゼーションが進む中でも、金沢市の中心部では道路の拡張に限界がありました。市内は戦災を受けずに済んだため、15〜19世紀にわたる藩政期に形づくられた街路構成が街の骨格をなしていたからです。狭く細い道が今でも数多く残り、一方通行や行き止まりも多く、自動車での移動にはあまり向いていません。

金沢市のバストリガー方式による路線バスの出発式

当時、金沢市中心部に住んでいた働き盛りの世代は、カーライフを満喫できる郊外へとどんどん流出していきました。その親の世代は、子どもたちとともに郊外へ移る人もいれば、住み慣れた土地を離れず、自分たちだけで市の中心部に住み続ける人もいました。

マイカーブームから約50年後の現在、少子・高齢化の進展に伴い、郊外へ移り住んだ世代も、自動車の運転が難しい年齢に達しています。また、市街地に残った高齢者にとっても、病院や市役所などへ出かける際に、公共交通であるバスは日常の足として大切です。
しかし、金沢市の公共交通の利用者数は年々減少し続け、1989年を100とすると、2007年は54・4と半分近くに落ち込みました。一方で、「金沢都市圏における交通手段の分担率」調査を見ると、自動車の割合は1989年には84・7%でしたが、2007年には91・2%となっていることがわかります。

地域の大学も応援

マイカーに依存してバスや鉄道を利用しないと、利用者の減少が公共交通の運賃値上げ・減便など利便性の低下に拍車をかけ、さらに利用者が減少するという悪循環を生み、ついには路線の廃止につながります。すると、本当にマイカーでしか移動できない街になってしまいます。

市民は「料金が安くなって、便が増えればもっと利用できるのに」と言い、交通事業者は「利用者が増えたら、料金も下げて増便できるのに」という思いが先に立ちます。交通事業者には「いったん料金を下げると、利用者が減ったからといってなかなか値上げがしにくい」という悩みもあります。

金沢市交通政策課では、料金が下がっても利用者が増えて、前よりも売り上げが上がるような仕組みはないかと考えました。料金が半分でも利用者が倍に増えれば事業は成立します。そこで金沢市が提案したのがバストリガー方式です。北陸鉄道、金沢大学とともに、従来170円または200円だった路線バスの運賃を100円とする実証実験を、2006年4月1日から開始しました。この協定には、「その年度に対象区間から得られた収入が、2005年度に対象区間から得られた収入を上回る場合、次年度以降も継続して実施する」という条件がつけられていました。100円の運賃を続けるには、目標ラインである2005年度のおよそ2倍の利用者（約22万人）があることが条件となります。もし採算が合わなければ、交通事業者は元の料金に戻すことができます。

交通政策課の中宮英範さんは「この条件をお互いの約束として、みんなが満足できる形を目指したのです」と話します。バストリガー方式という名称は、これが引き金（トリガー）となってバスが市民により多く利用されるように、と当時の藤田昌邦課長が名付けました。

通学にバスを使う学生も多い金沢大学では、対象となるバス路線付近に住む学生にアンケートを行いました。晴れた日のバス利用者は、実験前は16％（123人）でしたが、実験後は42％（319人）と約2・6倍となりました。もともと雨の日にバスを利用する学生は45％（336人）、雪の日は60％（448人）と多いのですが、実験後はそれぞれ73％（551人）、84％（636人）とさらに増加しました。

金沢大学では、この仕組みが継続できれば多くの学生が恩恵を受けると考え、「今後もこの100円というメリットを享受し続けることができるか否かは、皆さんがどれだけバスを利用するかにかかっています」と、積極的に働きかけたといいます。

そうした働きかけの甲斐もあってか、2006年度の目標ラインは年度末を待つことなく達成し、100円運賃が継続されました。2009年度は11月中旬に目標を超えたため、2010年度も継続して100円運行を実施しています。

5年間にわたり有効に機能し続けているバストリガー方式の成功の秘訣は、「採算が合わなくなればやめる」という約束にあるのかもしれません。**「公共交通の利便性向上」と「利用者数の増加」という好循環を実現するには、市民、交通事業者、行政のそれぞれが、公共交通を支えていくことが必要**なのでしょう。

交通システムと連携するカーシェアリングの動き

クルマの「所有」から「機能」「サービス」の利用へ

公共交通を充実させる一方で、自動車の利用を完全になくそうとしても現実的ではありません。そこで、少しでも環境負荷を減らす仕組みとして注目されているのがカーシェアリングです。カーシェアリングとは、1台のクルマを複数の会員が共同で利用する仕組みで、1987年にスイスで始まったと言われています。

日本でのカーシェアリングは、現在どのように展開しているのでしょうか？　交通エコロジー・モビリティ財団による2010年1月の調査では、車両ステーション数は861カ所（前年の2・4倍）、車両台数は1300台（同2・3倍）、会員数は1万6177人（同2・5倍）と、このところ大きく伸びています。

日本でカーシェアリングが増えてきている理由はいくつかあります。一つには、**環境によいライフスタイルを実践していこうという意識が広まっている**ことがあります。若者のクルマ離れが顕著になるなど、**物を「売る」ことから、「機能・サービス」を提供する**（*グリーン・サービサイジング・ビジネス）**というスタイルが受け入れられるようになって**

グリーン・サービサイジング・ビジネス
従来は製品として販売していた「モノ」の持つ機能に着目し、その機能の部分をサービスとして提供する「サービサイジング」のうち、環境面で特に優れたパフォーマンスを示すもの。レンタル・リースや中古品販売、点検・メンテナンス、シェアリングなど、さまざまな業態が考えられる。

きたこともあげられるでしょう。

さらに最近では、政府も公共交通システムの一つとしてカーシェアリングの推進に力を入れるようになってきました。カーシェアリングを進める地方自治体への支援策を打ち出したり、法規制を緩和するなど、普及の条件を整えつつあります。

環境へのメリット

カーシェアリングは環境負荷をどのくらい減らせるのでしょうか？　交通エコロジー・モビリティ財団が２００５年度に行ったアンケートの結果によると、都市部でのカーシェアリング導入により、カーシェアリング会員の自動車走行距離は入会前の79％、マイカーの保有台数は76％減少しました。

同じく交通手段別の利用の変化を見ると、自動車利用が大幅に減少し、公共交通や徒歩・自転車の利用が増加しています。また、カーシェアリング利用者は、走行距離の削減に伴うクルマからの排出量削減分で年間１・89トン、約30％のCO_2を削減し、年間約45万円のコストを節減しているという結果が得られました。

このように、**カーシェアリングはクルマのムダな利用を減らすことによって、都市の交通渋滞の緩和、公共交通機関の活性化、都市環境問題への対策、都市の駐車場問題の緩和、CO_2削減による地球温暖化の防止などの効果がある**と考えられています。

続々と生まれる新サービス

欧米では主に、所有する車両数を減らす目的でカーシェアリングが普及してきましたが、日本でのカーシェアリングの展開は、*ＩＴＳ（高度道路交通システム）の実用化や電気自動車の普及などの技術開発型実験として１９９９年に始まりました。

２００２年、オリックス、オリックス・レンタカー（現オリックス自動車）、ＮＥＣソフト、日本電気などの共同出資によってシーイーブイシェアリング社（ＣＥＶ）が設立され、欧米で普及しているカーシェアリング事業が日本のクルマ社会に受け入れられるか、実証実験が行われました。

２００７年、オリックス自動車はＣＥＶ社と会社統合を行い、レンタカー事業本部の中にカーシェアリング事業を配置し、短時間の利用に適した「カーシェアリング」と長時間や数日間の利用に適した「レンタカー」を組み合わせるサービスを開始しました。現在同社では、「プチレンタ」というブランドで、15分１９０円から利用できるサービスを展開。２０１０年5月には、会員数が1万人を超える業界最大手となっています。

多くの事業者がカーシェアリングに参入し、利用者にとってはますます利便性が高まっています。例えば、マンションなどに導入し、居住者が利用できる「マンションカーシェアリング」も広がりつつあります。利用者にとっては管理駐車場までの移動がないことや、共有する利用者とコミュニケーションが進むなどのメリットがありますし、マンション側にとっても駐車場の不足をカバーすることができます。

また、２００９年10月には、コンビニエンスストアのミニストップとスリーエフが日本カーシェアリングと提携し、日本で初めてコンビニエンスストアの店舗駐車場を利用

＊ＩＴＳ（高度道路交通システム）
最先端の情報通信技術を用いて、人と道路と車両とを情報ネットワークでつなぎ、交通事故、渋滞などといった道路交通問題の解決を目的に構築する新しい交通システム。高速道路の料金所の渋滞を回避するＥＴＣ（自動料金支払システム）や、自宅からバスの現在地を知り、バス停での待ち時間がわかってイライラを解消できる「バスロケーションシステム」などがＩＴＳの一種と考えられる。

したカーシェアリングサービスを開始しました。

自動車を貸したい人と借りたい個人をネット上でマッチングする新サービスも生まれています。インターネットビジネスの開発・運営を手掛けるブラケットが２００９年４月に開始した「カフォレ（CaFoRe）」と呼ばれるサービスで、貸し手がネット上に条件を公開し、それに応じて借り手が入札する仕組みです。貸し手にとっては自分が利用しない間も自動車を有効活用することができ、借り手にとっても、条件さえ合えば、大手企業の提供するサービスより安価で利用できる可能性もあります。

公共交通と提携したカーシェアリングの動きも出てきました。例えば、オリックス自動車は、２００９年2月から都営地下鉄との連携を皮切りに、都市部でのカーシェアリングと公共交通との組み合わせ利用を推進しています。こうしたサービスが広がれば、**公共交通網が発達している地域はバスや電車で、その他の交通が不便な地域だけで、必要な分だけ自動車を使う、というライフスタイルが可能**になります。

カーシェアリングが日本に根付いていくには、認知度をいっそう高めること、公的機関の駐車場を低料金で提供したり、税負担の軽減などの措置で、事業者が駐車スペースを確保しやすくすることなどが必要です。こうした課題を改善すれば、カーシェアリングは急速に普及する可能性が高いと見込まれています。

第5章

「つながり力」が社会を動かす

新しい市民参加の形

パートナーシップの先駆け、京都市の取り組み

てんぷら油で走るごみ収集車

京都市で「国連気候変動枠組条約第3回締約国会議（COP3）」が開催されたのは、1997年12月のこと。COP3に先立つ96年10月、**京都市では、全国に先駆けてバイオディーゼル燃料化事業を始めました。**家庭から使用済みのてんぷら油を回収して、市の精製プラントで燃料化し、市のごみ収集車や市バスで使用するというものです。

この取り組みは、リサイクルによってごみを減らし、化石燃料の使用量を減らしてCO_2排出量を削減し、排ガス中の黒煙・硫黄酸化物を減らし、回収作業を通じた市民の意識啓発、共同作業を通じた地域コミュニティの活性化にもなるという、一石五鳥の取り組みとして始められました。

97年11月からは、100％バイオディーゼル燃料をすべてのごみ収集車に利用するようになり、3年後には一部の市バスの燃料として、軽油にバイオディーゼル燃料を20％混合して利用し始めました。2004年からは日量5000リットルの燃料化プラントが稼働しています。

２００７年度には、１５１５キロリットルのバイオディーゼル燃料が使われ、３９６９トンの温室効果ガス排出量を削減する効果がありました。２００９年度末時点では、家庭からの回収拠点は１２００カ所に及んでいます。ごみ収集車全車と一部市バスの合計約３００台で、年間約１５０万リットルのバイオディーゼル燃料を使用し、軽油を使用する場合と比べると、年間約４０００トンのCO_2削減効果があります。

ＣＯＰ３の開催を控えた97年7月には、京都市域のCO_2排出量を２０１０年までに10％削減（１９９０年比）することを目標とする「京都市地球温暖化対策地域推進計画」を策定し、その実現に向けた取り組みが始まりました。

98年11月には、**行政、市民、事業者のパートナーシップ組織「京《みやこ》のアジェンダ21フォーラム」が設立**されました。ここから生まれた八つのワーキング・グループのうち、「企業活動」「エコツーリズム」「交通」「えこまつり」「自然エネルギー」の五つでは、現在もなお、多くの市民を巻き込んだ活動が展開されています。

今でこそ、多くの自治体で市民・事業者とのパートナーシップ組織をつくり、市民参画の取り組みを進めていますが、京都市の「京のアジェンダ21フォーラム」は、全国に先駆けた取り組みでした。そして、その後の京都市のさまざまな取り組みの大きな基盤となっています。

地域の中小企業が取り組む環境マネジメント

「京のアジェンダ21フォーラム」から生まれた取り組みの一つが、「ＫＥＳ・環境マネジメントシステム・スタンダード」と呼ばれる京都発の環境マネジメント・システムです。99年11月に京都市が中小企業を対象にアンケート調査を実施したところ、7割の企業は環境問題が重要と認識しながらも、8割弱の企業は「あまり取り組んでいない」と回答し、その理由として情報不足やコストを挙げました。

京のアジェンダ21フォーラムの企業活動ワーキング・グループでは、京都市内に約9万社ある中小企業の環境活動を促進することが重要だと考え、中小企業のＩＳＯ１４００１認証取得を支援する活動を始めました。しかし、人手や高額な取得費用などがネックとなり、うまく進みません。

そこで、中小企業でも取り組める環境マネジメント・システムを自分たちで創設しようと考え、検討を重ねた結果、誕生したのがＫＥＳです。ＫＥＳは、Plan・Do・Check・ActionのＰＤＣＡサイクルによって継続的改善を図るという、ＩＳＯ１４００１と同様の環境マネジメント・システムの規格です。

内容や表現を平易にし、あらゆる規模のさまざまな業種の組織で取り組めるよう、ステップ１（要求事項のレベルを抑え、環境問題に取り組み始めた組織が環境保全活動になじむことを目指す）とステップ２（要求事項をＩＳＯ１４００１に近いものとし、将来のステップアップを容易にする）の２段階の規格をつくりました。認証取得に要する費用はステップ2でも30万円弱と、ＩＳＯ１４００１の10分の1程度です。２００１年5月からＫＥＳの認証登録が始まりました。

京都市ではＫＥＳの普及を図るため、企業向けの説明会の開催や技術的・経済的支援を実施するほか、一般競争入札資格業者の格付けに際して、ＩＳＯ１４００１と同等の優遇措置を設けるとともに、入札参加者をISO14001またはKES取得企業のみに限った建設工事の発注を行うなどしています。

2010年9月現在、市内では924の中小企業などがKESを取得しています。エネルギー使用の効率化に取り組んだ503事業所の活動結果を集計したところ、年間・事業所当たり、約11・6トンのCO_2が削減されたことがわかっており、その有効性が示されています。

京都市以外にも、KESに基づく環境マネジメント・システムを推奨する自治体も増えています。*グリーン調達の条件の一つとしてKES取得を挙げる企業も全国に広がり、ほかの認証機関分を合わせると、2010年8月末現在、3385件の事業所が認証を取得しています。また、**それぞれの地域にあわせた中小企業向け環境マネジメント・システムを構築する自治体も増えています。**

「省エネラベル」も京都から

現在、日本全国で使われている「統一省エネラベル」。家電製品の購入者が省エネ型のものを選択できるよう、使用時の消費電力量などの情報を示し、製品の省エネ性能をランク付けしたものですが、この**「統一省エネラベル」も京都から始まった**取り組みです。

京都では、京のアジェンダ21フォーラムを中心に、市民、市民団体、家電販売店などの団体からなる「省エネ製品グリーン・コンシューマ・キャンペーン実行委員会」を立

グリーン調達
企業などの事業者が、製品の原材料・部品、その他の事業活動に必要な資材やサービスなどを、サプライヤーから調達するとき、環境負荷の少ないものから優先的に選択しようとすること。消費者の観点で見た場合、「グリーン購入」と呼ばれる。
環境省によれば、2001年に施行された「グリーン購入法」によって、家庭からのCO_2排出量の約20万6000人分に相当する、43万2678トンの温室効果ガスが、2006年度におけるグリーン購入全体で削減されたという。

ち上げ、省エネラベルの作成を進めました。市民にとってわかりやすい省エネラベルについて協議を重ね、省エネ性能（省エネ基準値を元に5段階に分けて表示）と金額（製品販売価格と平均使用年数での電気代）を表示することにしました。

２００４年7月には「京都省エネラベル協議会」を設立し、同年12月に制定された「京都市地球温暖化対策条例」でも省エネラベルの貼付などを位置付けました。この条例は、全国の自治体で初めて温暖化対策に特化してつくられたものです。

また、同年10月には、省エネラベルを推奨する多くの自治体などが参加する「全国省エネラベル協議会」が結成され、同じ表示による省エネが全国的に普及しました。

このような省エネラベル普及運動の高まりを受け、２００５年8月に改正された「省エネ法」でも「家電販売店などは省エネ性能についての情報提供に努めなければならない」と追加されました。こうした流れを受け、**２００６年10月から国による統一省エネラベル制度が始まった**のです。

京都市はＣＯＰ３（１９９７年に開催された気候変動枠組条約の「第３回締約国会議」。温室効果ガス削減を約束した「京都議定書」が採択された）の開催地だったこともあり、行政だけではなく、事業者や市民の意識も高かったことや、環境問題以前から、行政、事業者、市民が話し合って取り組みを進める素地ができていたことが、このようなパートナーシップに基づいた、先進的で実効性のある取り組みが進んだ背景にあると考えられます。

２００９年1月、京都市は他の12都市とともに、国から環境モデル都市に選ばれました（０９３ページ参照）が、その取り組みもパートナーシップに基づいて進めているところです。「歩くまち・京都」「木の文化を大切にするまち・京都」「DO YOU KYOTO?」というシンボル・プロジェクトに対して市民会議を設け、市民、事業者と一緒に企画から考え、行動につなげていく取り組みを進めています。

「暑い！」と思ったら打ち水を

真夏の気温を2℃下げる大作戦

日本では冷房がない時代から、夏の暑気を払い、涼を呼ぶためのさまざまな工夫がされてきました。涼やかな音を出す風鈴を窓辺につる、簾《すだれ》や「よしず」で直射日光を遮断する、自宅前の道や庭に水を撒く、肌触りがよく水分の吸収性のよい浴衣を着る、身体を冷やす効果のあるものを食べる、涼しくなった夕方に出かけ、ホタル狩りや花火大会を楽しむなど、いずれも夏の風物詩として、現在も日々の暮らしの中に息づいています。

五感を通して涼を呼ぶ、こうした知恵を都市のヒートアイランド対策や地球温暖化対策に活かす試みの一つとして、「打ち水」が注目されています。これをイベントとして楽しもうと始まった「打ち水大作戦」は、2010年で8年目を迎え、期間中の参加者数が800万人近くに上るほど、日本各地の夏の恒例行事に発展しています。

液体の物質が気体になるとき、周囲から熱を吸収します。この熱のことを気化熱といい、この仕組みを応用したものに、水飲み鳥という玩具や冷蔵庫などがあります。特に**水には蒸発するときに周囲から大きな熱を奪う性質があるため、蓄熱される場所に水を**

打つと、気温を下げる効果があります。

ヒートアイランド対策の一つの試みとして、打ち水の効果に着目して試算したシミュレーションによれば、「東京都内の散水可能な280平方キロメートルのエリアに、1平方キロメートル当たり1リットルの水を、決められた時間にいっせいに打ち水をすれば、気温を2℃下げることができ」ます。さらに精緻なシミュレーションの結果、「東京都23区内の散水可能な面積約265平方キロメートルに散水を行うことによって、最大で2～2・5℃程度、正午の気温が低下する」と予測されています。

（狩野学・手計太一・木内豪・榊茂之・山田正、「打ち水の効果に関する社会実験と数値計算を用いた検証」（水工学論文集、第48巻、193～198ページ、2004））

2003年6月末、このシミュレーションに興味を示し、社会実験をしてみようという3人の仕掛人が集まったときに、「大江戸打ち水大作戦」は産声をあげました。本部機能を担ったのは、同年3月に京都をメイン会場に開催された「第3回世界水フォーラム」事務局（現・日本水フォーラム）を中心に、四つのNPOで構成されるゆるやかなネットワークです。

「大江戸打ち水大作戦」という名前は、2003年が江戸開府400周年にあたったことや、「打ち水」という江戸の知恵に学ぼうということで名付けられ、江戸の文様と水をモチーフにしたロゴデザインが考案されました。このロゴデザインは、非営利活動であれば誰でもウェブサイトからダウンロードして使用できます。

わずか2カ月の準備期間に、学生、NPOのメンバー、取材に訪れた記者などが自発

日本水フォーラム
日本水フォーラムでは、2010年8月から「Web水検定」を開始。国内外の水問題を学び、学んだ成果の腕試しと同時に国際貢献もできるシステム。受検料の一部は途上国の草の根活動の支援に使われる。
http://www.waterforum.jp/jpn/

的に実行メンバーに加わっていきました。そこから自然発生した制作部隊、営業部隊、パブリシティ部隊が機能するようになると、打ち水大作戦は運動体として一人歩きを始めたのです。実施にあたっては、生活の中での水の使い方を考え直すきっかけにしてほしいと、雨水や風呂の残り湯などの二次利用水を使うことを呼びかけ、「水道水はご法度」というルールも掲げました。

そして同年8月25日、最高気温が34℃と予報された暑い日の正午に、最初の「大江戸打ち水大作戦」は開催されました。東京都内の4カ所の特設会場では、打ち水の前後に研究者や小学生が気温の変化を測定し、開始前と開始後で平均1℃の温度低減が見られ、打ち水の効果が実証されました。初年度の参加者は推定で34万人。浴衣姿でいっせいに打ち水をする様子を多くのマスメディアが報道し、誰にでも気軽にできる環境ムーブメントの幕が上がりました。

東京から全国へ

2年目の2004年からは、対象エリアが日本全国に広がりました。名前を「打ち水大作戦」と改め、期間が8月18〜25日までの1週間に延長されると、各地でさまざまな打ち水大作戦が展開されました。

名古屋、大阪、福岡では、地域のNPO団体などが中心となって、地域版の打ち水大作戦本部が立ち上がり、そこに行政機関、商店街、学校などが参加。東京では、秋葉原でメイド姿の「うち水っ娘《みずっこ》」が登場し、渋谷周辺では暗きょ化されてしまった、童謡

「春の小川」のモデルともいわれる渋谷川の道筋を打ち水で再生する「春の小川打ち水大作戦」が行われました。企業など事業者の参加もあり、この1週間の期間中に参加した人数は、推定で329万人以上になりました。

東京都豊島区巣鴨の商店街で行われた打ち水風景

　2005年には、さらに開催期間が延長され、7月20日から8月31日までの夏休み期間中が打ち水期間となりました。これまでのヒートアイランド対策に加えて、地球温暖化防止につながるエコアクションとしても、打ち水がアピールされるようになります。当時、愛知県で開催中の「愛・地球博」会場、東京都港区などで大規模な特設会場が設けられました。参加者は推定で770万人以上に上ります。

　この年から、間伐材を活用し

た専用の手桶と柄杓の開発、秋葉原発のアニメのキャラクター「2℃ちゃん」の公式キャラクター化とアニメ化、劇団「打ち水カンパニー」の旗揚げ、「打ち水劇」の上演、「打ち水音頭」のリリースなど、打ち水に関連する多種多様なアイテムやパフォーマンスが全国展開していきます。

２００６年以降の開催期間は、二十四節気の「大暑」である7月23日ごろから「処暑」の8月23日ごろとされました。陰暦では、一年で一番暑い日が大暑で、処暑を境に暑さが和らぎ、朝夕に秋の風を感じるようになる、とされています。

世界へ広がる「mission uchimizu」

打ち水の波紋は、国内だけでなく世界へと広がりつつあります。２００４年、スウェーデンの首都ストックホルムでは、「水シンポジウム」が開催された国際会議場前の広場で、国際色豊かな50人の参加者が、噴水の水を利用して打ち水を楽しみました。

これを皮切りに、２００５年からはフランスの首都パリの広場で、スペインのサラゴサでは、２００８年に開催された国際博覧会のジャパンデーで、皇太子殿下がスペイン政府の要人らの前で打ち水の手本を示され、大きな話題となりました。

２００６年には英語名の「mission uchimizu」が登場。打ち水大作戦の使命である「**地球温暖化に立ち向かうこと**」と「**江戸由来の打ち水文化を世界に知らしめること**」が、**グローバルにも展開されていった**のです。

各地でユニークな催しが続々と生まれているのは、誰もが気軽に参加できる環境行動であることに加えて、水と戯れること自体が単純に楽しく気持ちがいいという理由もあるのでしょう。

仕掛け人の一人、打ち水大作戦本部の作戦隊長こと池田正昭さんは、２００９年に刊行された『打ち水大作戦のデザイン』の中で「『打ち水大作戦とはデザインである』というひとつの事実に気づかされることになりました」と述べています。そのデザインとは、「普遍のコンセプトとともに、ひとつの目的に向かって動き続ける不断のプロセス」であり、「現実をつくりだす生きた運動体」だと言います。

打ち水大作戦の普遍のコンセプトとは、水というものが持つ科学的な特徴と同時に、「清め」や「来客へのもてなし」、ときに「畏怖」という、私たちが過去から受け継いできた水に対する神聖な思いであるように思います。こうして、日本の伝統的なしぐさは、新しい価値を伴った、どこか懐かしいムーブメントを起こしてきたのです。

身近なエコアクションで自分も社会もおトクに

関心の高さを行動へ

２００８年度の日本のCO_2排出量は12億１４００万トン。温室効果ガスの削減を約束した「京都議定書」で定められた基準年の１９９０年比では６・１％増加しているものの、景気悪化の影響もあってか、過去最大の排出量となった２００７年度比では６・６％減少しました。

部門別に見ると、産業部門は確かに１９９０年比でも13・２％減少している一方、運輸、業務その他、家庭部門では、それぞれ８・３％、43・０％、34・２％増加しています。この結果から、事業所や家庭から排出されるCO_2の削減をさらに進める必要があることがわかります。

環境政策の一つに経済的手法があります。法律や条例といった規則による手法ではなく、**市場メカニズムを活用し、経済的なインセンティブによって環境保全的な行動を導く方法**です。産業界に対しては排出量取引やデポジット制度などがありますが、個人の環境配慮行動に対しては、「エコポイント制度」がそうした取り組みの一つです。

「エアコン」「冷蔵庫」「地上デジタル放送対応テレビ」など、環境性能が一定レベル以上の家電製品を購入した際にポイントを付与するエコポイント事業（エコポイントの活用によるグリーン家電普及促進事業）が、2009年5月から始まりました。

地球温暖化対策の推進や、経済の活性化、地上デジタル放送対応テレビの普及を図ることを目的にした事業で、2010年9月末現在、個人向けに発行されたポイントは、累積で約2107万件、約3194億ポイントに上ります。これを機会に、家電製品を買い換えた方も多いのではないでしょうか。

一人ひとりの行動に変化を起こそうと、こうしたエコポイント制度はこれからも増えていくでしょう。しかし、**どのような行動につなげたいかをきちんと考えた上で制度を設計しないと、期待したような行動変容がなかなか起こらない**こともわかってきました。

例えば、政府のエコポイント事業の交換商品の内訳を見ると、個人申請の98％以上が商品券・プリペイドカードに交換されており、省エネ・環境配慮製品への交換率は全交換数の0・06％、環境活動を行っている団体への寄附になると0・01％にすぎません（2010年9月末）。つまり、この事業はエコポイント対象商品の購入にはつながったものの、そこから先の環境配慮型行動にはつながっていないのです。

地球温暖化に対して「関心がある」層は9割を超えていると言われていますが、その関心の高さを行動にも反映させるため、どのようなインセンティブが必要なのか、まだまだ実験段階と言えるでしょう。

地域版エコポイントで街をエコに活性化——大丸有の取り組み

国だけでなく地方自治体や民間企業でも同様の制度が展開されていますが、こうした制度は、地域の環境にどのような効果をもたらす可能性があるのでしょうか。

東京・千代田区の大手町・丸の内・有楽町地区は、住民はわずか31人（2009年調べ）ですが、日中にこのエリアで働いたり訪れたりする人は24万人以上にも上ります。この地域で、約20年前の1988年、時代が求める都市のあり方を検討するために、「大手町・丸の内・有楽町地区再開発計画推進協議会」が発足しました。関係者が議論を重ねる中で描かれた未来像は、環境共生型の都市のトップランナーとして、この地域から持続可能な都市のあり方を世界に示し、「1000年先までいきいきとしたまち」を目指すというものです（091ページ参照）。

まちの姿は、「気づいて、変わっていくまち」「自分の『体調管理』をきちんとするまち」「コミュニティ全体で世界の課題に取り組むまち」「自然とのつながりを大切にし、緑や生きものでにぎわうまち」など、八つの環境ビジョンで表現されています。このビジョンを実現し、地域内で働く人の意識や行動を変える仕組みの一つとして始まった取り組みが、エコポイント制度でした。

2007年10月から2年間、「大丸有《だいまるゆう》エコポイント」の名称で実証実験が重ねられました。大きな特徴は、この地域で働く人や訪れる人の9割が持つといわれる「Suica（スイカ）」でポイントを貯めたり決済したりできることです。加盟店での支払いを「Suica」で決済すると100円につき1ポイントが付与され、また、エリア内で開催される環境イベントに参加したり、エリア内を循環するハイブリッド式電気バス「丸の内シャトル」に乗り、車内に設置されたリーダー（端末）にカードをかざすとポイントが追加されます。

２００９年10月、２年間の実証実験を経た同事業は「エコ結び」という名前となって、本格的な導入が始まりました。ロゴのモチーフはおみくじを「結ぶ」姿を表し、ポイントを介して人・街・駅に新しいご縁が生まれる活気あるまちであるように、という願いが込められています。利用できる電子マネーも「Ｓｕｉｃａ」に加え、都内の地下鉄や私鉄各社が発行する「ＰＡＳＭＯ（パスモ）」が追加されました。

ウェブサイトで登録すると、エリア内の環境イベントに参加したり、加盟店で買い物や食事を楽しみ、代金を電子マネーで決済することでポイントが付与されます。さらに、決済された代金の１％は、エリア内の緑や花を増やす活動や、環境に貢献するプロジェクトに投資する基金に、自動的に積み立てられていきます。

貯まったポイントの使い道は、三つの方法から選択できます。一つはポイント数に応じたエコグッズに交換すること。二つめは店舗や企業から提供されたリサイクルグッズと交換し、３Ｒに取り組んでいくこと。そして三つめが、間接的に国内外の社会貢献活動に参加することです。

２０１０年９月末時点の登録者は約４０１７人、端末を設置する加盟店も１９１店を超えました。同事業を運営する大丸有エコポイント事務局の井上奈香さんは、「今後は買い物をする場合でも、商品を選ぶのではなく、エコ結びポイントに加盟するお店を選ぶことで、自分も社会も得する行動につなげてほしい」と話しています。「ＭＵＳＵＢＩ ＴＩＭＥＳ」という情報紙も発行され、情報発信にも力を入れています。今後もさらに、参加者や加盟店、協力企業が増えるにつれて、地域にどのような変化をもたらすのか期待できそうです。

こうした各地の取り組みを進める中で、実効性を高める智恵を共有し、大きな広がりになることを願っています。

陶磁器リサイクルが生み出す使用者参加型のものづくり

器から器へ――伝統工芸にもリサイクルの動き

日本が世界に誇るべき伝統文化の一つである「やきもの」。この分野で、参加型の資源リサイクルの取り組みが進んでいるのをご存知でしょうか。

やきものに適しているのは、珪酸化合物の石英、長石、粘土およびカオリンの要素が含まれている土です。長石とは、熱を加えるとガラスをつくる物質です。「陶磁器」とひとまとめにすることも多いですが、厳密にはこの長石の含有量が少ない陶土を用いたものを「陶器」、含有量の多い陶石（磁石）などを用いたものを「磁器」と呼びます。

陶器は吸水性がありますが、磁器は吸水性がなく、品質の良いとされるものは透光性があります。いずれも硬くて変形しにくく、耐熱性、絶縁性に優れているため、食器以外にも、耐火物、タイル、レンガ、便器などの衛生陶器にも使われ、ファインセラミックスと呼ばれるものは、自動車部品、精密機械部品、化学機械部品、工具など、広範囲に利用されています。

硬くて変形しにくいという特性は、一方で割れやすい、欠けやすいという弱点でもあります。破損して使えなくなった陶磁器は、不燃ごみとして回収され、ほとんどが最終処分（埋め立て）されてきました。その量は推定で年間およそ15万トン。不燃ごみの5％弱を占めるといわれています。

こうした中、**廃棄処分される陶磁器製食器を、再び食器によみがえらせることで、やきものの産地を活性化しようという取り組みが、各地の窯業地で生まれてきました。**

陶磁器製食器のリサイクルに最初に取り組んだのは美濃焼の産地で、岐阜県多治見市を中心に、土岐《とき》市、瑞浪《みずなみ》市、可児《かに》市と広域にわたります。美濃焼は平安時代後期に始まり、室町時代の茶の湯の流行とともに栄え、今もこの地が国内食器生産量の約半分を占めています。

1997年、岐阜県セラミックス研究所の呼びかけで、産地の企業9社とともに、陶磁器リサイクルを課題に「グリーンライフ21・プロジェクト」が発足しました。背景には、石英、長石、粘土、カオリンなどの原料が枯渇性資源であるという懸念や、海外からの安い陶磁器食器の輸入で地場産業が低迷し、新たな振興策を必要としていたことがあります。その危機感のなか、環境の世紀といわれる21世紀にも通用する産地形成を目指して活動がスタートしました。

「器から器へ」をテーマに始まった同プロジェクトには、粉砕、製土、製陶、卸売り、廃棄物処理にかかわる産地企業30社あまりと、岐阜県内の大学や研究機関、行政が参画し、陶磁器の使用済み食器を回収・原料化した上で、「Re-食器」という新しい製品に再生する取り組みを行っています。回収を食器に限定するのは、食品衛生法の規格基準に

陶磁器をリサイクルしてつくったRe-食器

よって有害物質の溶出が規制され、食器の安全性が担保されているためです。

　回収された陶磁器食器は、巨大な粉砕機でセルベン（陶磁器の焼成品の粉砕物）という粒になります。新しい原料にセルベンを20％以上混ぜ合わせて坏土《はいど》と呼ばれる土をつくり、形をつくって1250℃以上の高温で焼成すると、温かさやなごみ感のあるRe-食器が誕生します。

　商品としてRe-食器が初めて店頭に並んだのが1999年。2002年10月には東京の百貨店が、開店40周年記念事業の一環として陶磁器食器の回収を企画しました。7日間で述べ2000人を超える人が家庭内に眠っていた食器を持ち込み、5トンの食器が回収されたということです。

この出来事はRe-食器の展開を大きく飛躍させました。2001年にグッドデザイン賞特別賞「エコロジーデザイン賞」、2003年にはグッドデザイン賞「新領域デザイン部門」を受賞し、2004年には（財）日本環境協会が世界に先駆けて制定した「日用品・焼物」のエコマーク商品の第一号認定を受けました。オーガニックカフェや有機野菜の宅配を行う企業、NPOや市民団体、自治体などが、次々に不用食器や使用済み食器の回収やRe-食器の取り扱いを始め、学校給食にも取り入れられるようになりました。

回収拠点や販売拠点も全国に広がっています。割れたり欠けたりしなければ、なかなか捨てられずに家庭の食器棚で眠っていた不用食器も、次々とRe-食器に生まれ変わっているのです。

2008年7月の洞爺湖サミットでは、日本の優れた省エネルギーや環境技術などを国内外の報道関係者に紹介する「ゼロエミッションハウス」に展示され、実際にも使われました。

当時、岐阜県セラミックス研究所で主任専門研究員を務めた長谷川善一さんは、「この取り組みは、**使い手が参加することで初めて成り立つ、使用者参加型のものづくり**だ」といいます。つまり、産地が製品をつくり、消費者が購入し使用後に廃棄するという一方通行ではなく、使い手側の「もう一度食器に戻そう」という意識から、リサイクルという行動が起こり、さらに、「セルベンの配合率をもっと上げてほしい」「洗いやすい食器をデザインしてほしい」などといったフィードバックがつくり手に返ることで、新しい技術やデザインの創出が促され、さらに支持が広がるという循環が生まれているのです。

「あたりまえ」のものだからこそ大事に使う

食器のリサイクルに関しては、地域の市民団体の取り組みが全国的なネットワーク活動に展開した事例もあります。東京都多摩地区では、最終処分場の残余不足による新たな処分場建設問題、動植物の生息地の破壊に対する危機感から、不用食器のリサイクルを推進する「おちゃわんプロジェクト」が２００４年に始まりました。現在は、「食器リサイクル全国ネットワーク」に発展し、産・官・学のパートナーシップのもとで、市民主体の陶磁器製廃食器循環システムが推進されています。

その他の窯業地でも、家庭から出される不用食器や使用済み食器、製造工程から出る不良食器の有効活用が始まりつつあります。九州の有田焼では、難しいとされていた白磁の再生が行われていますし、瀬戸焼の産地でも、瀬戸市と愛知県陶磁器工業協同組合の連携による回収が２００４年から行われています。また、関東地方の笠間焼や益子焼でも、若い陶芸作家を中心にエコロジーへの関心が高まっているといいます。

長谷川さんは、廃陶磁器リサイクルを進める上で、今後の課題が三つあると言います。一つは、低炭素社会に向けて製造段階からのCO_2排出を減らし、環境負荷の低い循環型の社会を築いていくことです。そのためには、セルベンの含有率を現在の20％から50％、70％と高めると同時に、焼成温度の低下を実現する技術開発を進めていくことが必要です。また、大量生産した商品をリサイクルするだけではなく、リユースを進め、デポジット制を導入するなど、脱物質化を促進する新しいビジネスに結びつくような展開が求められます。

二つめは、地域の環境保全に貢献できるやきものづくりです。例えば、里山の維持管理のために刈り取られた草本類を買い取り、釉薬《うわぐすり》の原料に用いることで資金が維持管理活動に流れ、間接的に地域の自然環境の保全に役立ちます。そして最後に、やきものの伝統に受け継がれてきた、精神的な価値観を継承することです。やきものは元々、四季の演出や家族の団欒など、スローで心豊かな場を提供することで成り立ってきた道具です。器自体だけでなく、こうした価値観こそが大切だと考えているのです。

私たちの日常生活にあたりまえにあるものには、自然背景や歴史を通じた文化が反映されています。伝統文化に息づく価値観を、Re-食器という新しい発想とともに、次世代に伝えていきたいものです。

おカネの流れを私たちの手に

市民による市民のための銀行——NPOバンク

「市民参加」が最も遅れている分野の一つが金融でしょう。ほとんどの人は、「おカネは銀行に預けるもの」と思っているかもしれません。実際、金融機関別に預金額のシェアを見ると、2009年3月時点では、大手都市銀行が34％弱、ゆうちょ銀行が17％、地方銀行が約20％（金融ジャーナル社調べ）となっていて、ここまででおよそ7割を占めています。

こうした金融機関に預けたお金が、どのように使われているか考えたことはあるでしょうか。預金量に対する貸出金量の割合を表す「預貸率」を地域別に見ると、貸出金が預金額を上回るのは東京だけで、ほかではすべての地域で貸出金が下回っています（2010年8月現在、日本銀行のデータより）。これは地方のお金が東京に吸い上げられていることを示しています。つまり**地域のお金が地域で循環していない**のです。

地方から吸い上げられた預金の多くは、東京の大企業への融資に使われます。また、私たちの預金の貸し出し先の企業が環境や社会へ悪い影響を及ぼす事業を行っていた場合、私たちは間接的にそうした事業をサポートすることになるのです。ただし、通常の預貯金では、**自分の預けたお金の流れを追ったり、選んだりすることはできません。自分の預金をどういう目的で使ってほしいという選択肢が預金者にほとんどないのが、従来のお金の流れ**なのです。

こうした中で少しずつ広がりを見せている新しい動きに「ＮＰＯバンク」があります。**ＮＰＯバンクとは、市民、ＮＰＯ、企業からの出資金を元手に、環境保全や福祉、コミュニティビジネスなど、社会性のある事業に融資することを目的とした非営利の金融機関**です。「金融ＮＰＯ」「市民金融」などと呼ばれることもあります。

現在日本には、全国に13のＮＰＯバンクがあり、計画中のものも含めれば、およそ20に上ります。このうち最も古いのは、１９９４年に設立された「未来バンク」です。

江戸川区に拠点を構える未来バンクは、組合員となって出資された資金を、同じく組合員のために融資する仕組みで、「環境」「市民事業」「福祉」という三つの目的に限って低利（2%）の融資を行っています。組合員20名の出資金４００万円から始め、２０１０年3月末現在の組合員数は約５１０名で、出資金はおよそ1億７０００万円。そのうち、現在は６０００万円が融資され、これまでの累積では9億円強の貸し出しを行ってきました。融資の受け手のほとんどがＮＰＯです。

未来バンクは、従来の貯蓄に対する疑問から生まれました。理事長の田中優《ゆう》さんは、「国内・海外の環境破壊をめぐる資金が、郵便貯金などを原資とする財政投融資にあり、このままにしていれば、過去と同様に戦争の資金とされるかも知れない。いくら環境破

ＮＰＯバンク
各地のＮＰＯバンクの情報は、「全国ＮＰＯバンク連絡会」のウェブサイトが便利。ＮＰＯバンクをはじめとした市民金融の取り組みについて、理解・共感・関心の和を広げようという「ソーシャルファイナンスカフェ・サロン」も定期的に開催されている。
http://npobank.net/

壊に反対しても資金が供給される以上、もぐら叩きに過ぎなくなる」と危惧していたと言います。

何とか積極的に環境に良い融資の仕組みをつくろうと考え、金融機関にも相談してみたものの手ごたえはなく、自分たちでリスクを取ってつくることになりました。そうして産声を上げたのが未来バンクです。

その後、２０００年代に入ってから、北海道ＮＰＯバンク（２００２年）、東京コミュニティパワーバンク（２００３年）、ap bank（２００３年）、新潟コミュニティ・バンク（２００４年）、コミュニティ・ユース・バンクmomo（２００５年）、くまもとソーシャルバンク（２００８年）と、各地にＮＰＯバンクの設立が相次ぎました。２００４年には、第１回の「全国ＮＰＯバンクフォーラム」が開催され、２００５年からは、ＮＰＯバンクの連絡組織である「全国ＮＰＯバンク連絡会」も活動を開始し、ＮＰＯバンク同士の連携も進んでいます。

ＮＰＯバンクの特徴の一つは審査方法にあります。東海地方初のＮＰＯバンク「コミュニティ・ユース・バンクmomo」を立ち上げた木村真樹さんは、「通常の銀行の融資では過去の実績が重視されるが、ＮＰＯバンクの場合はそれだけではなく、**融資によって事業がどうなるか、地域がどうなるかという、事業の将来性を見る**」と言います。そのため、専門家だけではなく、ＮＰＯ活動家や地域の主婦の方なども交えたメンバーで審査を行い、その結果、貸し倒れはほとんどないそうです。

もう一つの特徴は、**融資先と顔の見える関係を築こうとしている**点です。momoでは、融資先の情報をウェブ上でどんどん公開することで、融資先のＰＲをしたり、「見られている」という実感を持って活動に力を入れてもらうなど、単なる融資にとどまらず、運営サポートにつながるような活動もしています。

おカネの循環を変えればエネルギー循環も変わる

未来バンクの田中さんは、**地域経済の規模は、「地域内の資金量×回転数」で測れる**と言います。地域の活性化には、資金を地域で回転させることが大事になります。この意味で田中さんが提唱するのが「代替通貨」です。

例えば、荒廃した森林の木材をペレットとして燃料に替えることを考えてみましょう。今のように輸入される化石燃料に頼っていては、地域のおカネが外に出て行くばかりで、エネルギー循環もおカネの循環も持続可能にはなりません。ペレットを燃料にした暖房器具や給湯器を開発した上で、地元の山の木材でペレットをつくり、「ペレット燃料20キロ」と替えられる「ペレットはがき」という代替通貨をつくったらどうでしょうか。ペレットはがきは信頼関係のある人たちの中だけで循環できる代替通貨ですから、全国で通用する「円札」より不安定です。多くの人はペレットはがきを先に使いたくなるでしょう。すると、ペレットはがきの回転数が上がり地域経済が活性化される、と田中さんは考えています。こうして**おカネの流れを私たちの手に取り戻すことで、実はエネルギー問題の解決にも近づくことができる一石二鳥のアイデア**といえるでしょう。

もっと身近な例で融資という仕組みの使い道を考えてみましょう。私たちは実に多くの家電製品に囲まれて暮らしていますが、家庭の電力消費の約7割はエアコン、冷蔵庫、照明器具、テレビの四つに使われています。こうした製品は年々省エネ性能が向上していますから、買い替えたほうが省エネになることが分かっていても、つい「まだ十分に使えるのにもったいない」と思ってしまいがちです。高性能の機種であれば、それなりに値も張りますから、簡単に買い替えられないこともあるかもしれません。

江戸川区のNPO法人「足元から地球温暖化を考える市民ネットえどがわ（足温ネット）」では、省エネ冷蔵庫への買い替えを希望する家庭に対して、省エネによる電気料金の節約分の概ね5年分を無利子で融資する「省エネ家電買い替えサポート融資制度」を行っています。

ある家庭は、この制度で7万5０００円の融資を受け、年間消費電力が８２５・６キロワット／時の冷蔵庫を２００キロワット／時の省エネ型に買い替えました。おかげで年間電気料金は、買い替え前の1万９８１４円から４８００円に下がり、5年間に7万５０７０円節約できたといいます。省エネ冷蔵庫の買い替えに10万円かかりましたが、その費用の75％をこの制度の融資でまかなえたことになります。

家庭のエネルギー消費を減らす試みのうち、もっとも大規模なものは住宅そのものを省エネ型に替えることでしょう。この発想から生まれたのが「一般社団法人天然住宅」です。天然住宅とは、自然な素材を用いて長く使える住宅を建て、いい木材を適正な価格で買うことで林産地の人たちの生活を支え、光熱費の負担が少ない環境保全につながる住宅のことです。

日本の住宅は、築後20年ほどで資産価値ゼロと査定され、建て替えサイクルが非常に短いという問題を抱えています。木が育つには長い時間が必要です。50年かけて育った木材なら、それより長く使わなければ森が失われてしまいます。新築住宅に使われる化学物質が、アトピーをはじめ、人体にさまざまな悪影響を及ぼしていると言われますが、化学物質を排した天然住宅なら、中古になっても資産価値が下がらないかもしれません。

天然住宅は、大手ハウスメーカーのプレハブ住宅より少し高額な買い物になります。そこで、「天然住宅に住みたい！」と思う人を資金面からサポートするために、「天然住宅バンク」というＮＰＯバンクも設立されました。

天然住宅バンクは、２００８年にできたばかりとあって、この融資だけで天然住宅を建てた例はありませんが、ほかの銀行の融資と組み合わせて新築したり、自宅の断熱リフォームの費用を融資してもらい、安くなった光熱費分から余裕を持って返済する、という事例が既に生まれています

おカネに振り回されるのではなく、おカネを賢く使いこなして真に持続可能な社会を築くためには、まずコスト・リテラシー（044ページ参照）を高めること。その上で、ＮＰＯバンクのような新しい仕組みを活用して、おカネの流れを私たちの手に取り戻していくこと。こうした試みの中に、エネルギー問題の解決や地域の活性化など、望ましい未来を描くヒントがたくさんありそうです。

本書の執筆協力者

佐藤千鶴子
角田一恵
長谷川浩代
二口芳彗子
星野敬子
八木和美
湯川英子
米田由利子

（五十音順）

本書の写真提供

P.27 丹羽順子
P.42 塩見直紀（半農半X研究所）
P.57 NPO法人 生活工房つばさ・游
P.71 大崎市
P.78 魚津漁業協同組合
P.83 NPO法人 ミツバチプロジェクト
P.101 鎌倉市
P.114 富山ライトレール株式会社
P.117 金沢市
P.135 打ち水大作戦本部
P.145 グリーンライフ21・プロジェクト

KAIZOSHA

「エコ」を超えて――

幸せな未来のつくり方

2010年 11月25日初版発行

著者……………………枝廣淳子＋ジャパン・フォー・サステナビリティ(JFS)

編集……………………小島和子

発行人…………………山田一志

発行所…………………株式会社 海象社

郵便番号112-0012

東京都文京区大塚4-51-3-303

電話03-5977-8690　FAX03-5977-8691

http://www.kaizosha.co.jp

振替00170-1-90145

組版……………………[オルタ社会システム研究所]

装丁……………………多田健一郎

地図……………………株式会社ユニオンプラン

印刷・製本……………シナノ書籍印刷株式会社

ISBN4-907717-07-0 C0033

※この本は、本文には古紙100%の再生紙と大豆油インクを使い、
表紙カバーは環境に配慮したテクノフ加工としました。